ifaa-Edition

Weitere Bände in dieser Reihe
http://www.springer.com/series/13343

Die ifaa-Taschenbuchreihe behandelt Themen der Arbeitswissenschaft und Betriebsorganisation mit hoher Aktualität und betrieblicher Relevanz. Sie präsentiert praxisgerechte Handlungshilfen, Tools sowie richtungsweisende Studien, gerade auch für kleine und mittelständische Unternehmen. Die ifaa-Bücher richten sich an Fach- und Führungskräfte in Unternehmen, Arbeitgeberverbände der Metall- und Elektroindustrie und Wissenschaftler.

ifaa – Institut für angewandte Arbeitswissenschaft e. V.
Hrsg.

Leistungsförderndes Entgelt erfolgreich einführen

Gestaltungshinweise und Umsetzungshilfen für den Einführungsprozess

Hrsg.
ifaa – Institut für angewandte Arbeitswissenschaft e. V.
Düsseldorf
Deutschland

Ergänzendes Material finden Sie auf springer.com/978-3-662-57561-1

ISSN 2364-6896   ISSN 2364-690X (electronic)
ifaa-Edition
ISBN 978-3-662-57561-1   ISBN 978-3-662-57562-8 (eBook)
https://doi.org/10.1007/978-3-662-57562-8

Die Deutsche Nationalbibliothek verzeichnet diese Publikation in der Deutschen Nationalbibliografie; detaillierte bibliografische Daten sind im Internet über http://dnb.d-nb.de abrufbar.

Vorwort

Die Gestaltung der Vergütung beeinflusst in hohem Maß das Arbeits- und Leistungsverhalten der Mitarbeiter. Mithilfe eines betriebsspezifischen, leistungsfördernden Vergütungssystems kann die Arbeit der Beschäftigten auf wesentliche Unternehmensziele hin ausgerichtet und somit letztendlich der Unternehmenserfolg unterstützt werden.

Die Metall- und Elektroindustrie bietet hierzu verschiedene Entgeltmethoden, die sich in ihrer Ausgestaltung und ihren Anwendungsmöglichkeiten unterscheiden. Die betriebsspezifische Auswahl der passenden Methode(n) und die anschließende Ausgestaltung des Vergütungssystems in seiner Gesamtheit stellen wesentliche Handlungsfelder auf dem Weg zu einem nachhaltig erfolgreichen System dar, welches leistungsfördernd und motivierend auf die Beschäftigten einwirkt.

Hierzu ist es wesentlich, den Gestaltungs- und Einführungsprozess von Beginn an im Sinne eines Projektmanagements zu strukturieren und zu planen.

Das vorliegende Buch zeigt ein mehrstufiges Vorgehensmodell zur Gestaltung und Einführung von neuen leistungsbezogenen Entgeltsystemen auf. Die Handlungshilfe erläutert die verschiedenen aufeinander aufbauenden Schritte und bietet wertvolle Praxistipps sowie Hinweise auf mögliche Stolperfallen.

Prof. Dr.-Ing. Sascha Stowasser
Direktor des ifaa – Instituts für angewandte
Arbeitswissenschaft e. V.

Inhaltsverzeichnis

Autorenverzeichnis

Sven Hille
Institut für angewandte Arbeitswissenschaft e. V., Düsseldorf
Deutschland
e-mail: s.hille@ifaa-mail.de

Amelia Koczy
Institut für angewandte Arbeitswissenschaft e. V., Düsseldorf
Deutschland
e-mail: a.koczy@ifaa-mail.de

Martin Fityka
Arbeitgeberverband der Metall- und Elektroindustrie Ruhr/Vest e. V., Bochum
Deutschland
e-mail: fityka@agv-bochum.de

Axel Hofmann
METALL NRW Verband der Metall- und Elektro-Industrie Nordrhein-Westfalen e. V.,
Düsseldorf
Deutschland
e-mail: a.hofmann@metallnrw.de

Dirk Zündorff
Arbeitgeberverband der Metall- und Elektroindustrie Ruhr/Vest e. V., Bochum
Deutschland
e-mail: zuendorff@agv-bochum.de

Sven Hille, Amelia Koczy, Martin Fityka, Axel Hofmann
und Dirk Zündorff

Die Gestaltung und Einführung von leistungsbezogenen Entgeltsystemen bedürfen eines systematischen und gut strukturierten Prozesses. In diesem Prozess gilt es, alle Einflussfaktoren und Randbedingungen aus verschiedenen Sichtweisen heraus zu erkennen und einem geordneten Gestaltungs- und Einführungsprozess zugrunde zu legen.

Dabei geht der Ansatz des leistungsfördernden Entgelts über den reinen Leistungsbezug, das heißt, den Zusammenhang zwischen Leistung und Vergütung der Beschäftigten, hinaus.

1.1 Was ist ein leistungsförderndes Entgelt?

Unter dem Begriff des leistungsfördernden Entgelts werden im Folgenden alle Entgeltbestandteile einbezogen, die am Leistungsverhalten oder am Leistungsergebnis der Beschäftigten ansetzen, um deren Motivation und hierdurch letztlich den Unternehmenserfolg zu sichern und zu steigern. Im Wesentlichen zählen hierzu die Leistungszulage sowie die Methoden des Kennzahlenvergleichs (in einigen Tarifgebieten der Metall- und Elektroindustrie in Form der Prämie und des Akkords) und des Zielentgelts sowie diverse Kombinationen dieser Systeme.[1] Auch das Erfolgsentgelt, als unternehmensergebnisbezogener Entgeltbestandteil, sowie Tantiemen (bspw. über Zielvereinbarungen) zählen dazu, sind jedoch nicht Schwerpunkt der nachfolgenden Betrachtungen.

In der Metall- und Elektroindustrie bilden die entsprechenden Tarifverträge, insbesondere das Entgeltrahmenabkommen (ERA) die (rechtliche) Grundlage für die Ausgestaltung des gesamten Entgelts und somit auch des leistungsbezogenen Entgeltbestandteils. Diese tariflichen Regelungen sind regional unterschiedlich und müssen bei der Gestaltung beachtet werden. Bei der Umsetzung kann daher ggf. der regionale Arbeitgeberverband beratend hinzugezogen werden. Davon abgesehen bestehen verschiedene Gestaltungs- und Kombinationsmöglichkeiten sowohl im tariflichen als auch im übertariflichen Bereich. Abb. 1.1 zeigt beispielhaft den klassischen Aufbau des Gesamtentgelts in der Metall- und Elektroindustrie (Darstellung nicht maßstabsgerecht). Fokus der nachfolgenden Betrachtung ist das leistungsbezogene Entgelt, das in seiner Höhe variabel gestaltet wird.

Bei der Betrachtung des Effektiventgelts (Summe aller Entgeltbestandteile) ist der Zusammenhang von Grund- und Leistungsentgelt entscheidend. Während im Grundentgelt die übertragene Arbeitsaufgabe selbst (personenunabhängige Anforderungen der Arbeitsaufgabe, prägende Tätigkeiten usw.) betrachtet wird, also die Frage „**Was** macht der

S. Hille (✉) · A. Koczy
Institut für angewandte Arbeitswissenschaft e. V., Düsseldorf,
Deutschland
e-mail: s.hille@ifaa-mail.de; a.koczy@ifaa-mail.de

M. Fityka · D. Zündorff
Arbeitgeberverband der Metall- und Elektroindustrie Ruhr/Vest e. V.,
Bochum, Deutschland
e-mail: fityka@agv-bochum.de; zuendorff@agv-bochum.de

A. Hofmann
METALL NRW Verband der Metall- und Elektro-Industrie Nordrhein-
Westfalen e. V., Düsseldorf, Deutschland
e-mail: a.hofmann@metallnrw.de

---

[1] Die vor der Einführung der ERA-Tarifverträge in der Metall- und Elektroindustrie bestehende Unterscheidung der Entgeltgrundsätze in Zeitentgelt- und Leistungsentgeltsysteme wurde in einigen Tarifgebieten beibehalten (z. B. Nordrhein-Westfalen), in anderen Regionen durch ein einheitliches System abgelöst (z. B. Baden-Württemberg). Auch wenn hinsichtlich der betrieblichen Ausgestaltung und der Mitbestimmung Unterschiede zwischen den Entgeltgrundsätzen bestehen, werden in dieser Broschüre unter leistungsfördernden bzw. leistungsbezogenen Systemen sowohl zeit- als auch leistungsbezogene Entgeltsysteme subsumiert.

© Springer-Verlag GmbH Deutschland, ein Teil von Springer Nature 2018
ifaa – Institut für angewandte Arbeitswissenschaft e. V. (Hrsg.), *Leistungsförderndes Entgelt erfolgreich einführen*, ifaa-Edition,
https://doi.org/10.1007/978-3-662-57562-8_1

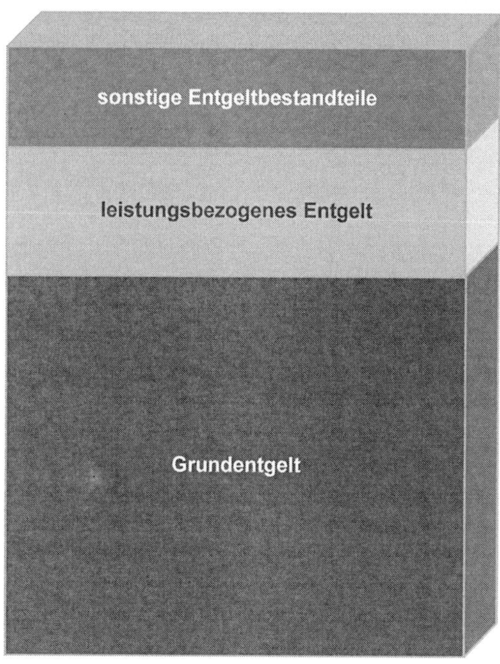

Abb. 1.1 Tarifliche Entgeltkomponenten in der Metall- und Elektroindustrie

Beschäftigte?" maßgebend ist, bezieht sich das Leistungsentgelt wie auch die Leistungszulage infolge einer Leistungsbeurteilung auf die Frage „**Wie** macht der Beschäftigte das?" (z. B. Qualität und Quantität des Arbeitsergebnisses, Selbstständigkeit bei der Erfüllung der Arbeitsaufgaben, Sorgfalt; siehe Abb. 1.2). Je nach Entgeltmethode bzw. -grundsatz[2]

können die individuelle Leistung, die Gruppen- oder Teamleistung oder der Unternehmenserfolg bzw. der Erfolg einer oder mehrerer Organisationseinheiten herangezogen werden.

Bezüglich der Frage nach einer leistungsfördernden Wirkung von Entgeltsystemen sind, neben der Ansatzebene (individuell oder kollektiv, s. o.) des variablen Bestandteils, die konkret hinterlegten Ziele und Kennzahlen von Bedeutung. Eine Anbindung des variablen Entgelts an kaum geeignete Ziele, die nicht zum Unternehmenserfolg beitragen oder von dem/den Beschäftigten nicht beeinflusst werden können, wird nicht zu den gewünschten Erfolgen führen. Auch falsch gewählte Kennzahlen können dazu führen, dass sich die Leistung von Mitarbeitern förmlich festfährt oder ihr Arbeitsverhalten auf falsche Ziele ausgerichtet wird. In diesem Zusammenhang hat es sich als zweckmäßig erwiesen, neben der leistungsfördernden Gestaltung von Arbeitsaufgabe und Arbeitsorganisation auch Arbeitszeiten bzw. das Arbeitszeitverhalten der Beschäftigten im Rahmen der Konzeption des Entgelts mitzuberücksichtigen. Ein plakatives Beispiel hierfür ist die Nutzung einer Produktivitätskennzahl, die die Anwesenheitszeit der Mitarbeiter berücksichtigt. Eine hohe Anwesenheitszeit bei gleicher Ausbringung schmälert die Produktivität und somit auch die Prämie der beteiligten Mitarbeiter. Auf diese Weise wird das „Ansammeln von Stunden", wie es in der Praxis immer wieder anzutreffen ist, vermieden. Im Hinblick auf die Höhe der individuellen oder kollektiven Prämie ist es für die Beschäftigten sinnvoll und motivierend, ihr Arbeitszeitverhalten am aktuellen Arbeitspensum zu orientieren.

Der gleiche Ansatz sollte sich auch in einem Beurteilungssystem widerspiegeln. Um auch hier ein „Ansammeln

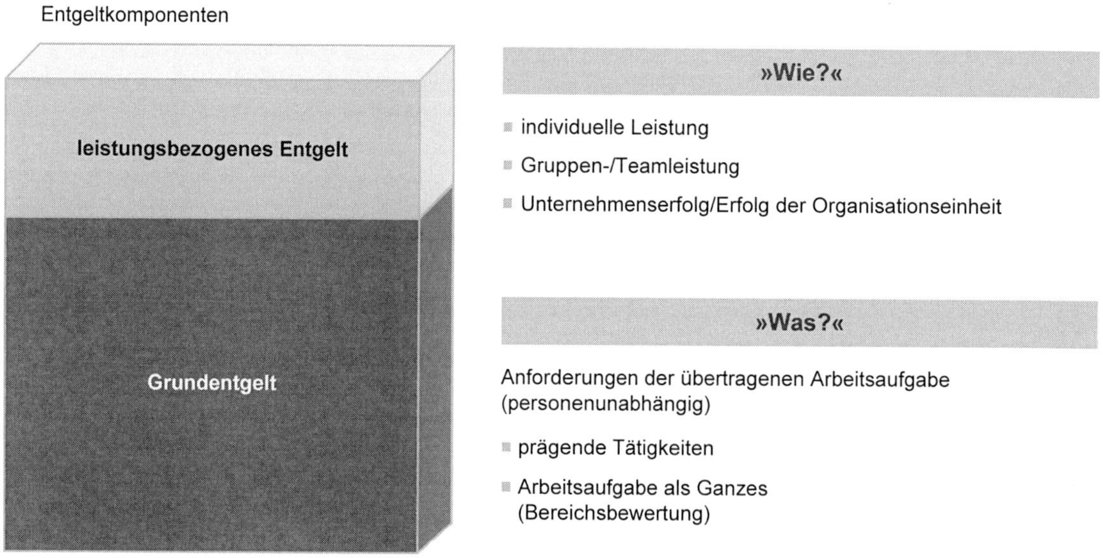

Abb. 1.2 Zusammenhang zwischen Grund- und Leistungsentgelt

---

[2] Die Begriffe „Entgeltgrundsatz" und „Entgeltmethode" entstammen den Tarifverträgen der deutschen Metall- und Elektroindustrie. Der Entgeltgrundsatz bestimmt sich dadurch, ob dem über das tarifliche Grundentgelt hinausgehenden Entgelt sachbezogene Bestimmungsgrößen (Kennzahlen) oder Beurteilungsmerkmale für das Leistungsverhalten zugrunde liegen. Die Entgeltgrundsätze

von Stunden" zu vermeiden, kann in der Beurteilung ein Beurteilungskriterium zum Einsatz kommen, welches beispielsweise den Umgang mit der Arbeitszeit miteinbezieht. Im tariflichen Beurteilungssystem des ERA NRW kann dies zum Beispiel im Merkmal „Arbeitseinsatz" oder „Beweglichkeit" abgebildet werden.

1.2 Methodische Vorgehensweise

Den betrieblichen Akteuren obliegt es, zwischen einer gut strukturierten Vorgehensweise auf der einen und der Gefahr einer überzogenen Methodik auf der anderen Seite eine ausgewogene Balance zu finden. Eine strukturierte Vorgehensweise zeichnet sich dadurch aus, dass sie an den jeweiligen Inhalt, den Umfang und die Komplexität der Gestaltung und Einführung des geplanten leistungsbezogenen Entgeltsystems angepasst ist. Hierfür gibt es keinen allgemeingültigen Standard. Weiterhin ist die tarifliche Ausgangslage zu beachten. Systeme, die weitgehend tariflich abschließend geregelt sind (z. B. Leistungsbeurteilungssysteme in einigen Tarifgebieten), bieten den Vorteil der betrieblichen Umsetzung, ohne lange Vorbereitungs- und Verhandlungsprozesse auf betrieblicher Ebene. Auf der anderen Seite gibt es rudimentär geregelte Systeme (z. B. Zielvereinbarungssysteme) die zum Teil einen hohen betrieblichen Regelungsaufwand beinhalten, gleichzeitig aber den Vorteil bieten, das Entgeltsystem hochgradig an den spezifischen Belangen des Unternehmens auszurichten.

Die Einführung eines Leistungsbeurteilungssystems oder die Anpassung eines Prämiensystems infolge z. B. technisch-technologischer und/oder organisatorischer Veränderungen wird sicherlich schneller und einfacher zum Erfolg führen als z. B. die Ablösung eines „veralteten" Akkords durch ein Zeitentgelt mit Leistungszulage oder die völlige Neugestaltung und Einführung eines innovativen kennzahlenbasierten Prämien- oder Zielvereinbarungssystems. In gleicher Weise stellt die Neueinführung eines kennzahlenbasierten Entgeltsystems in einem Bereich, in dem bisher keine Differenzierung nach Leistung stattgefunden hat, höhere Anforderungen an die Projektarbeit.

Auch diese schwierigeren – gleichfalls lösbaren – Fälle dürfen nicht dazu führen, den Gestaltungs- und Einführungsprozess in den Unternehmen methodisch zu überziehen. Durch ständige Beschäftigung mit zum Teil unwichtigen Details besteht die Gefahr, das Ziel aus den Augen zu verlieren. Zu viel Methodik kann dazu führen, dass ein gutes und ernst gemeintes Vorhaben ergebnislos im Sande verläuft.

Einer der wesentlichen Unsicherheitsfaktoren in den Unternehmen hinsichtlich der Auswahl eines „optimalen" Vergütungssystems besteht häufig in den ungenauen Zielvorstellungen oder den überzogenen Erwartungen, die die Entscheidungsträger mit der Einführung eines neuen Entgeltsystems verknüpfen. Ein neues Entgeltsystem ist nicht dazu geeignet, Schwächen in der Führung, der Prozesse und der Organisation zu kompensieren. Daher sind Vorarbeiten in diesen Bereichen vor Einführung unerlässlich. Insbesondere ist die Information, Schulung und Beteiligung der Führungskräfte ein wichtiger Teil der Vorbereitung, da monetäre Anreize und personale Führung aufeinander abgestimmt sein müssen. Die Erfahrungen erfolgreich gestalteter, eingeführter und nachhaltig praktizierter leistungsbezogener Entgeltsysteme zeigen, wie wichtig es ist, vor den eigentlichen Schritten zur Gestaltung und Einführung die damit verfolgten Ziele realistisch einzuschätzen und durch die Geschäftsführung zu formulieren.

---

werden unterschieden nach Leistungsentgelt oder Zeitentgelt. Die Entgeltmethode beinhaltet die Art und Weise, wie ein Entgeltgrundsatz verwirklicht wird und wie die dazugehörigen Daten entwickelt werden. Die Entgeltmethode beschreibt das Verfahren zur Durchführung eines Entgeltgrundsatzes. Allerdings sind in den einzelnen tariflichen Entgeltrahmenabkommen die unterschiedlichsten Entgeltgrundsätze und Entgeltmethoden geregelt. In den meisten Tarifgebieten werden die Entgeltmethoden unterschieden nach Zeitentgelt mit Leistungszulage, Akkordentgelt, Prämienentgelt und Zielvereinbarung. In Hessen, in der Pfalz, in Rheinland-Rheinhessen, im Saarland, in Sachsen und in Thüringen wurden die beiden ehemaligen Leistungsentgeltmethoden Akkordentgelt und Prämienentgelt ersetzt durch das Leistungsentgelt mit Kennzahlenvergleich. In Baden-Württemberg existiert die klassische Unterscheidung zwischen unterschiedlichen Entgeltgrundsätzen oder -methoden allerdings nicht mehr. Stattdessen wird tariflich ein Leistungsentgelt geregelt, das durch die Methoden Beurteilen, Kennzahlenvergleich und Zielvereinbarung betrieblich auszugestalten ist. Die Rahmenbedingungen für diese Methoden sind im Tarifvertrag geregelt (Becker und Hering 2015; METALL NRW und IG Metall 2006).

Sven Hille, Amelia Koczy, Martin Fityka, Axel Hofmann und Dirk Zündorff

2.1 Entscheidungsgründe

Die Anlässe für die Neugestaltung oder Anpassung eines leistungsbezogenen Entgeltsystems können vielfältig sein:

- Das ursprünglich variable Leistungsentgelt (Prämienentgelt, Akkordentgelt, Zielentgelt) bzw. die Leistungszulage sind verstetigt, d. h. zu einem fixen Betrag unabhängig von der Leistung der Beschäftigten verkommen.
- Die Leistungsziele und Prozesse zur Leistungserstellung haben sich geändert.
- Das Verhältnis von Leistung und leistungsbezogenem Entgelt veränderte sich im betrachteten Bereich so, dass die Leistung wieder an die gezahlte Höhe des leistungsbezogenen Entgelts herangeführt werden muss.
- Das benötigte System der Datenpflege und Datenermittlung ist nur mit einem erheblichen Aufwand aufrechtzuerhalten, der in keinem Verhältnis zum Erfolg der eingesetzten Entgeltmethode steht.
- Durch die Vernetzung von Fertigungsmaschinen und die dadurch ermöglichte Digitalisierung von Prozessen stehen neue Möglichkeiten der Datenerfassung und -nutzung zur Verfügung.

- Standardisierung und Digitalisierung der Produktionsprozesse haben zu einer sinkenden Beeinflussbarkeit der Arbeitsergebnisse durch den Beschäftigten geführt. Eine Neukalibrierung des Entgeltsystems ist angezeigt.
- Die bisher praktizierte Leistungsbeurteilung führt zu einer einheitlichen, vom tatsächlichen Verhalten unabhängigen Zulage.

Anstöße können auch durch den Betriebsrat in Wahrnehmung des gemäß Betriebsverfassungsgesetz (BetrVG) bestehenden Initiativrechts, durch Fach- und Führungskräfte oder auch durch einzelne Mitarbeiter gegeben werden. Angesprochen werden dabei je nach betrieblichen Gegebenheiten und Historie Personalverantwortliche, Verantwortliche für einzelne Bereiche, Abteilungsleiter, Verantwortliche für das Entgeltmanagement, die Arbeitsvorbereitung etc. Wesentlich ist jedoch, dass unabhängig von dem Bereich des initialen Anstoßes, die Geschäftsführung bzw. Personalleitung die Führung und Verantwortlichkeit für die späteren Aktivitäten übernimmt.

Mit der Entscheidung für die Einführung oder Anpassung eines leistungsbezogenen Entgeltsystems sind zunächst die Ziele des Systems zu bestimmen. Die Geschäftsführung formuliert je nach dem gegebenen Anlass globale oder auch sehr konkrete Ziele, die mit dem neuen bzw. veränderten Entgeltsystem erreicht oder zumindest unterstützt werden sollen. Diese Zielstellungen orientieren sich an Unternehmenszielen, die auf die Stärkung der Wettbewerbsfähigkeit und damit der Position des Unternehmens am Markt gerichtet sind.

Zu den häufig formulierten Zielstellungen für ein neues Leistungsentgeltsystem gehören:

- stärker leistungsfördernd, leistungsgerecht und leistungsdifferenzierend
- marktgerecht, wirtschaftlich und im gesamten Unternehmen universell anwendbar

S. Hille (✉) · A. Koczy
Institut für angewandte Arbeitswissenschaft e. V., Düsseldorf, Deutschland
e-mail: s.hille@ifaa-mail.de; a.koczy@ifaa-mail.de

M. Fityka · D. Zündorff
Arbeitgeberverband der Metall- und Elektroindustrie Ruhr/Vest e. V., Bochum, Deutschland
e-mail: fityka@agv-bochum.de; zuendorff@agv-bochum.de

A. Hofmann
METALL NRW Verband der Metall- und Elektro-Industrie Nordrhein-Westfalen e. V., Düsseldorf, Deutschland
e-mail: a.hofmann@metallnrw.de

© Springer-Verlag GmbH Deutschland, ein Teil von Springer Nature 2018
ifaa – Institut für angewandte Arbeitswissenschaft e. V. (Hrsg.), *Leistungsförderndes Entgelt erfolgreich einführen*, ifaa-Edition,
https://doi.org/10.1007/978-3-662-57562-8_2

- mit geringem Pflegeaufwand langfristig wirksam bleibend
- transparent und vermittelbar
- prozess- und teamorientiert
- einfach in Aufbau und Wirkungsweise

Zudem soll es häufig die Identifikation der Mitarbeiter mit dem Unternehmen und den Produkten erhöhen und zu mehr Engagement bei der ständigen Verbesserung (KVP) beitragen. Die Mitarbeiter sollen auf die jeweiligen Schwerpunkte gelenkt werden, z. B. die Steigerung der Produktivität und Effektivität, die Senkung der Durchlaufzeiten und des Ausschusses, die prozessnahe Behebung von Störungen oder die Verbesserung des Material- und Informationsflusses.

▶ **Hinweis für die Praxis:** In vielen Fällen fällt die Entscheidung über ein neues Leistungsentgeltsystem nach ausführlichen Diskussionen innerhalb der oberen Führungsebene. Neben der Dokumentation der Entscheidung an sich, empfiehlt sich die Verschriftlichung der Entscheidungsgründe und -ziele. Müssen im weiteren Verlauf grundsätzliche Entscheidungen getroffen werden, sollten die ursprünglichen Entscheidungsgründe als Maßstab herangezogen werden.

2.2 Entscheidungsvorbereitung

Im Vorfeld der Überprüfung, Anpassung oder Neueinführung eines leistungsbezogenen Entgeltsystems gilt es, die Möglichkeiten und die Handlungsbereitschaft der Akteure bzgl. dieses Vorhabens festzustellen, um eine fundierte Entscheidung der Geschäftsführung für oder gegen einen solchen Veränderungsprozess zu ermöglichen. Ist diese Veränderungsbereitschaft nicht oder ggf. nur bei einigen Personengruppen vorhanden, sollten vorab Aktivitäten vereinbart werden, um ein entsprechendes Commitment zu erzeugen. Im Wesentlichen geht es darum, die betrieblichen Voraussetzungen insbesondere bezüglich der in Abb. 2.1 genannten Erfolgsfaktoren festzustellen.

1. Wille zur Veränderung

Die Anpassung, Veränderung bzw. Neugestaltung des leistungsbezogenen Entgeltsystems findet nur statt, wenn die Geschäftsführung dies auch will, vorantreibt, vorbehaltlos unterstützt und entsprechende personelle und materielle Ressourcen bereitstellt bzw. freigibt. Hier gilt es festzustellen, inwieweit Bereitschaft besteht,

- die Führung und Organisation entsprechend des neuen Systems auszurichten,
- die bisher gültigen Betriebsvereinbarungen zu kündigen und
- eine veränderte oder neue Entgeltlösung ggf. auch per moderiertem Dialog oder Rechtsentscheid (Einigungsstelle, Instanzenweg der Arbeitsgerichte) durchzusetzen.

2. Strategischer Charakter der Entscheidung

Veränderungen bzw. Neugestaltungen von leistungsbezogenen Entgeltsystemen sind Teil eines längerfristigen Prozesses der strategischen Unternehmensentwicklung und können i. d. R. nicht dazu dienen, kurzfristigen, aktuellen wirtschaftlichen Problemsituationen zu begegnen. Hier muss die Geschäftsführung Klarheit schaffen, bis wann das leistungsbezogene Entgeltsystem angepasst, verändert oder neugestaltet sein soll. Dazu sind u. a. auch die Fristen zu ermitteln, bis wann die bisher gültigen Betriebsvereinbarungen, z. B. zum Leistungsentgelt, ggf. gekündigt werden können und sollen.

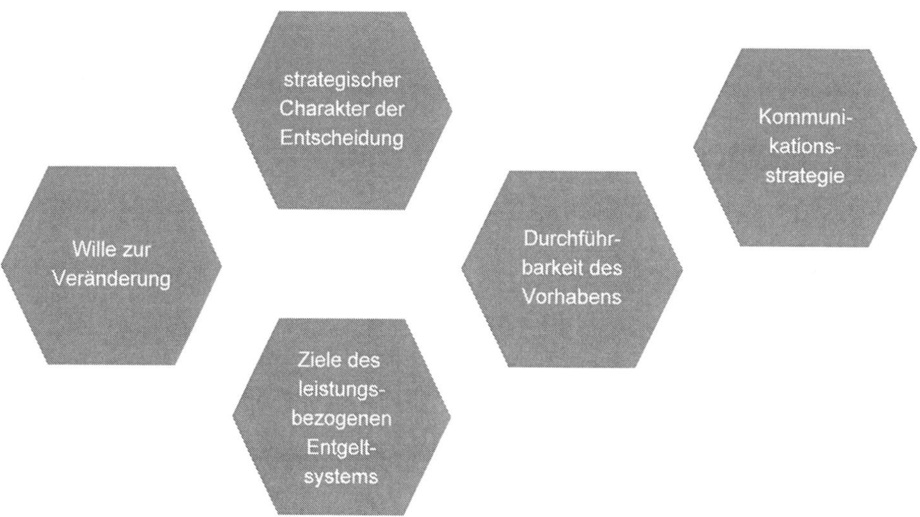

Abb. 2.1 Erfolgsfaktoren bei der Entscheidungsvorbereitung

3. Ziele des leistungsbezogenen Entgeltsystems

Die Veränderung bzw. Neugestaltung eines leistungsbezogenen Entgeltsystems muss das Leistungsprinzip nachhaltig fördern und damit einen Beitrag zur Steigerung der Produktivität und Wettbewerbsfähigkeit leisten.

Bezüglich der Ziele muss Klarheit bestehen, welche Motive dem Veränderungswillen zugrunde liegen: Geht es z. B. um die Einsparung von Personalkosten, bessere finanzielle Anreize, die Erhöhung des variablen Anteils an der Vergütung, eine stärkere Einbeziehung des Wissens und Könnens sowie der Verbesserungsideen der Beschäftigten usw.

4. Durchführbarkeit des Vorhabens

Die personellen und materiellen Ressourcen müssen vorhanden sein oder verfügbar gemacht werden können, um das Vorhaben durchzuführen. Hier sollte die Geschäftsführung klären:

- Wie wurden die Regelungen der bisherigen Betriebsvereinbarung gelebt und was hat aus welchem Grunde funktioniert und was nicht?
- Welche Regelungen zum Leistungsentgelt bestanden in der Vergangenheit, was waren die Regelungsinhalte?
- Welche Vorbehalte und Ängste bestehen bei den einzelnen Akteuren (Arbeitgeber, Betriebsrat) und Betroffenen (Beschäftigte, Führungskräfte) bezüglich einzelner Entgeltgrundsätze (z. B. Zeitentgelt, Leistungsentgelt) und/oder Entgeltmethoden (z. B. Prämienentgelt, Zielentgelt, Zeitentgelt mit Leistungszulage) oder bezüglich einzelner konkreter Ausgestaltungen (z. B. Nutzungsprämien, Produktivitätsprämien, OEE-Prämien)?
- Welche materiellen Spielräume stehen zur Ausgestaltung des leistungsbezogenen Entgeltsystems zur Verfügung und welche Effekte auf die Produktivität werden erwartet?
- Welchen Entgeltgrundsatz und welche Entgeltmethode würden die einzelnen Akteure bevorzugen, wenn sie allein entscheiden könnten?
- Welche konkrete Ausgestaltung des Beurteilungsverfahrens, der Zielvereinbarung bzw. Prämienart und Prämientyp würden die einzelnen Akteure bevorzugen, wenn sie allein entscheiden könnten?

2.3 Kommunikationsstrategie

Die Einführung eines neuen Entgeltsystems betrifft unmittelbar die Mitarbeiter und Führungskräfte der entsprechenden Bereiche und hat somit immer einen hohen Aufmerksamkeitswert. Um Unruhen und das Entstehen von Gerüchten zu vermeiden, was in letzter Konsequenz dazu führen kann, dass ein neues System von der Belegschaft nicht akzeptiert und gelebt wird, ist eine offene und transparente Kommunikationsstrategie von Beginn an unerlässlich. Die Kommunikation sollte hierbei kontinuierlich und prozessbegleitend stattfinden und sich nicht auf die reine Ergebniskommunikation zum Einführungszeitpunkt beschränken.

Einbindung des Betriebsrats

Als Zeitpunkt zur Einbindung des Betriebsrats wird häufig der Projektauftakt bzw. der Zeitpunkt unmittelbar davor empfohlen. Wesentlich ist, dass die Geschäftsführung zuvor die unternehmensseitigen Ziele sowie die Rahmenbedingungen (s. Abschn. 2.2) definiert und festgeschrieben hat. Aufgrund der rechtlich vorgeschriebenen betrieblichen Mitbestimmung des Betriebsrats ist seine Einwilligung zum neuen System grundsätzlich unerlässlich. Das Erzielen einer Einigung ist wahrscheinlicher, wenn dieser frühzeitig einbezogen wurde und aktiv an der Konzeption des neuen Entgeltsystems mitgewirkt hat. Auch die Kommunikation des Projektfortschritts mit den Mitarbeitern wird hierdurch erleichtert.

Das Einbinden des Betriebsrats als Mitglied der Projektgruppe wird aus diesen Gründen empfohlen. In der Praxis hat es sich bewährt, weitere Projektmitglieder entsprechend ihrer Funktion im Unternehmen auszuwählen. Dies bedeutet, dass auch Betriebsratsmitglieder nicht ausschließlich auf ihre Rolle im Betriebsrat fokussiert werden sollten, sondern ihren entsprechenden betrieblichen Aufgabenbereich, z. B. die Arbeitsvorbereitung, die Qualitätssicherung, das Controlling oder die Montage, repräsentieren. Die Zusammensetzung der Projektgruppe wird in Abschn. 3.2 detaillierter dargelegt.

Information der Belegschaft

In Unternehmen mit Betriebsrat sollte die Information der Beschäftigten gemeinsam mit diesem erfolgen. Hierbei ist insbesondere die Abgrenzung zwischen (möglicherweise noch nicht ausgereiften) Zwischenständen und zentralen Meilensteinen und Entscheidungen zu treffen. Nicht sinnvoll ist es jede Detailinformation und jedes Diskussionsthema nach außen zu kommunizieren, jedoch stellen regelmäßige Updates zum Projektfortschritt sicher, dass eine unkontrollierte Verbreitung von falschen Informationen oder Gerüchten den Umsetzungserfolg beeinträchtigt. Aufgrund der hohen Aufmerksamkeit, die entgeltrelevante Unternehmensprojekte in der Regel erregen, empfiehlt sich eine Initialinformation kurz vor Beginn des Projektes. Dies kann z. B. im Rahmen einer eigens einberufenen Informationsveranstaltung geschehen oder gemeinsam mit dem Betriebsrat während einer Betriebsversammlung thematisiert werden. Neben den Zielen sollte ein grober Zeitplan dargelegt und insbesondere die Chancen des neuen Systems hervorgehoben werden. Häufig existieren innerhalb der Belegschaft kleinere oder größere Unzufriedenheiten mit den bisherigen Entgeltsystemen. Diese können als Anknüpfungspunkt genutzt werden, um die Notwendigkeit einer Neukonzeption zu verdeutlichen. Nach der Initialinformation sollte eine regelmäßige Aktualisierung des aktuellen Projektstands erfolgen, beispielsweise durch Aushänge oder die Berichterstattung in betrieblichen Rundschreiben etc. Spätestens wenn das Projekt in die pilotierte Umsetzungsphase geht, ist zunächst eine ggf. schriftliche und anschließend die persönliche Information der betroffenen Bereiche vorzusehen.

▶ **Hinweis für die Praxis:** Die Einführung eines neuen Entgeltsystems erfolgt immer vor dem Hintergrund betriebsspezifischer Ausgangssituationen und Gründe. Die Kommunikation des neuen Systems sollte daher der Ausgangslage entsprechen. So ist beispielsweise zu erwarten, dass die Ablösung eines alten, auf einem hohen Niveau verstetigten Leistungsentgeltsystems schwieriger und daher vorsichtiger zu kommunizieren ist, als eines Systems, das den Mitarbeitern vordergründig Chancen eines Mehrverdienstes einräumt.

In einigen Fällen eignen sich auch Mitarbeiterbefragungen, um beispielsweise Anregungen für Kennzahlen oder Verhaltensmerkmale zu finden, an die das variable Entgelt gekoppelt werden kann. Durch diesen Einbezug wächst die Wahrscheinlichkeit, dass die Belegschaft sich mit dem neuen System identifiziert, da es von ihr mit- und nicht ausschließlich von „denen da oben" entwickelt wurde.

Sven Hille, Amelia Koczy, Martin Fityka, Axel Hofmann und Dirk Zündorff

Die in Abb. 3.1 dargestellten und nachfolgend beschriebenen acht Prozessschritte haben sich in der betrieblichen Praxis als zweckmäßig erwiesen, um leistungsbezogene Entgeltsysteme erfolgreich zu gestalten und einzuführen. In Abhängigkeit vom jeweiligen konkreten betrieblichen Projekt können die Schritte methodisch und inhaltlich unterschiedlich komplex sein.

Hierbei ist zu unterscheiden, ob es sich bei der Einführung um ein leistungsbezogenes Entgeltsystem für einen bestimmten Unternehmensbereich oder um eine flächendeckende Neukonzipierung unterschiedlicher Systeme für das gesamte Unternehmen handelt. Die folgenden Ausführungen zum methodischen Vorgehen beziehen sich auf einen bereits ausgewählten Unternehmensbereich. Im Anhang (s. Abb. A.6 und Abb. A.7) befinden sich zudem eine Checkliste, mittels der die dargestellten (Teil-)Schritte nachvollzogen werden können sowie die Vorlage einer To-Do-Liste, die für die betriebliche Ausgestaltung genutzt werden kann.

3.1 Schritt 1 – Voruntersuchung durchführen

Der Voruntersuchung als ersten planmäßigen Schritt bei der Überprüfung bestehender und der Konzipierung neuer leistungsbezogener Entgeltsysteme geht i. d. R. ein Anstoß

durch die Geschäftsführung voraus. Grundlage dafür ist die Entscheidung darüber, in welchem Bereich ein verändertes bzw. neues leistungsbezogenes Entgeltsystem eingeführt werden soll.

Ausgehend von diesem Anstoß sind die Ursachen für die Situation der betrieblichen Vergütungssysteme, die Möglichkeiten, Akteure, Bedingungen und Voraussetzungen für Überprüfungen, Anpassungen und Neugestaltung des leistungsbezogenen Entgeltsystems im betroffenen Unternehmensbereich einer Grobanalyse zu unterziehen, ehe die weiteren Schritte eingeleitet werden.

Dabei sind die im Betrieb vorhandenen Daten, Einschätzungen, Untersuchungsergebnisse usw. zunächst auszuwerten. Beispielsweise sind dabei

- Arbeitsablaufdaten,
- Zeitdaten (z. B. Vorgabezeiten),
- betriebswirtschaftliche Daten,
- Vertriebsdaten,
- Qualitäts- und Reklamationsdaten,
- Kalkulationsdaten,
- Daten zu Störungshäufigkeiten, -ursachen und zur -vermeidung,
- Daten der Entgeltabrechnung und
- Personal- bzw. Anwesenheitsdaten

zu sichten, um die tatsächlichen Ursachen für aufgetretene Probleme einzugrenzen und die grundsätzlichen Möglichkeiten für Verbesserungen herauszuarbeiten. Auch die technischen Voraussetzungen (bspw. bezüglich der Datenerfassung) sind abzuklären. Die Details werden im Schritt 4, der Hauptuntersuchung des Ist-Zustands (s. Abschn. 3.4), analysiert. Dabei sollte es das Ziel sein, auf bereits vorliegende betriebliche Daten zurückzugreifen bzw. diese zu systematisieren. Im Zuge der zunehmenden Automatisierung der Datenerfassung aufgrund von leistungsfähigerer Sensorik und Messtechnik ist davon auszugehen, dass die Menge vorhandener Daten zukünftig steigen wird. Die wesentliche Aufgabe ist es daher, die vorhandenen

S. Hille (✉) · A. Koczy
Institut für angewandte Arbeitswissenschaft e. V., Düsseldorf, Deutschland
e-mail: s.hille@ifaa-mail.de; a.koczy@ifaa-mail.de

M. Fityka · D. Zündorff
Arbeitgeberverband der Metall- und Elektroindustrie Ruhr/Vest e. V., Bochum, Deutschland
e-mail: fityka@agv-bochum.de; zuendorff@agv-bochum.de

A. Hofmann
METALL NRW Verband der Metall- und Elektro-Industrie Nordrhein-Westfalen e. V., Düsseldorf, Deutschland
e-mail: a.hofmann@metallnrw.de

© Springer-Verlag GmbH Deutschland, ein Teil von Springer Nature 2018
ifaa – Institut für angewandte Arbeitswissenschaft e. V. (Hrsg.), *Leistungsförderndes Entgelt erfolgreich einführen*, ifaa-Edition,
https://doi.org/10.1007/978-3-662-57562-8_3

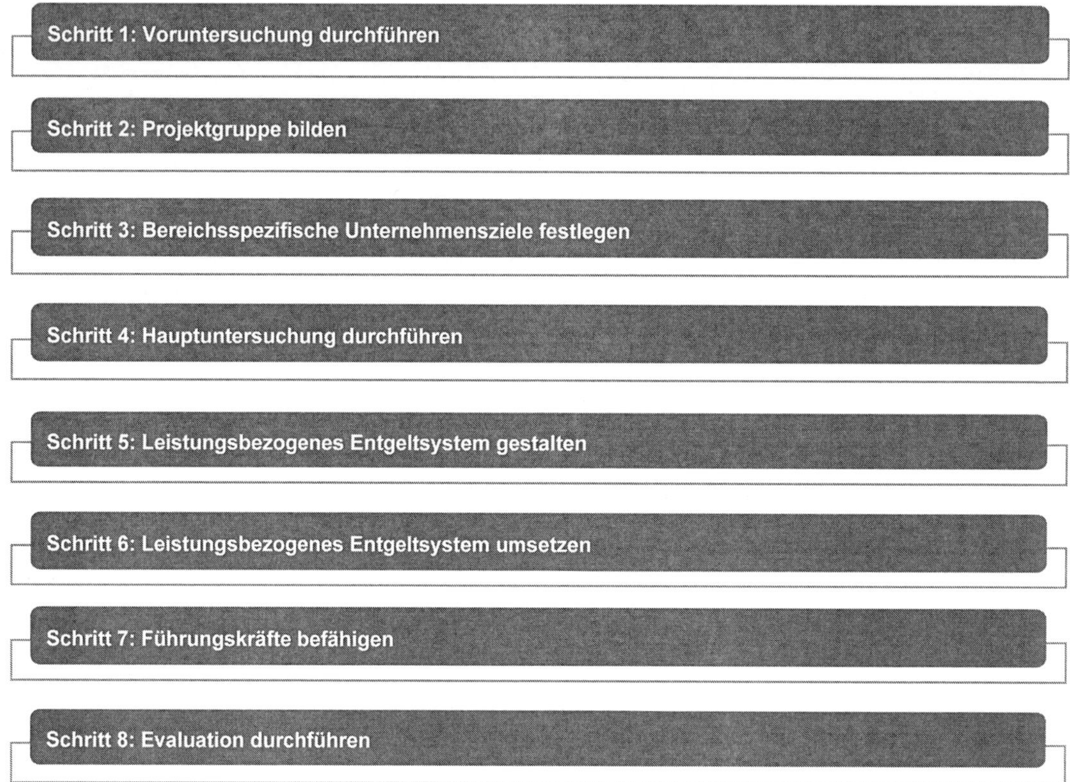

Abb. 3.1 Prozessschritte bei der Gestaltung und Einführung von leistungsbezogenen Entgeltsystemen

Daten zu wirkungsvollen Informationen zu verdichten, auf deren Basis eine fundierte Entscheidung getroffen werden kann.

▶ **Hinweis für die Praxis:** Daten werden in den Betrieben in unterschiedlichem Umfang und in unterschiedlicher Qualität für verschiedene Zwecke erhoben. Um den Aufwand in der späteren Anwendung des neuen Entgeltsystems von Anfang an gering zu halten, sollte geprüft werden, auf welche bereits vorhandenen betrieblichen Daten zurückgegriffen werden kann. Die Nutzung zusätzlicher Daten ist immer vor dem Hintergrund des Aufwands ihrer Erhebung zu bewerten.

Als Hilfsmittel für die Grobanalyse sind heranzuziehen:

- Auswertungen betrieblicher Mess- und Datenerfassungssysteme
- betriebliche Unterlagen und Dokumente zur Betriebs- und Arbeitsorganisation
- Betriebsvereinbarungen, Organisationsanweisungen u. ä. zum geltenden Entgeltsystem
- Aufschreibungen, Statistiken und Übersichten, die Auskunft zu den o. g. Daten geben
- Interviews mit Führungskräften, Fachkräften und weiteren Beschäftigten, die Einfluss auf die im Anstoß der Geschäftsführung genannten Frage- oder Zielstellungen haben oder davon betroffen sind

Die Grobanalyse erstreckt sich über die Einflüsse und Einflussmöglichkeiten

- der Beschäftigten,
- der Arbeits- und Betriebsorganisation,
- der Technik und Technologie,
- der Kosten,

und die ggf. bestehenden Wechselwirkungen, um die Grundsatzentscheidung der Geschäftsführung hinsichtlich der weiteren Aktivitäten zu fundieren.

Diese Schwerpunkte werden in Schritt 4 (s. Abschn. 3.4) einer detaillierten Analyse unterzogen.

Das Ergebnis der Grobanalyse schafft die Grundlagen für eine treffsichere Entscheidung der Geschäftsführung für die Durchführung der nachfolgenden Schritte und die dafür zu schaffenden Voraussetzungen bzw. für den Verzicht oder die Verschiebung der Erarbeitung eines neuen leistungsbezogenen Entgeltsystems auf einen späteren, betrieblich zweckmäßigeren Zeitpunkt.

3.2 Schritt 2 – Projektgruppe bilden

Die Einführung eines neuen leistungsbezogenen Entgeltsystems sollte in den Unternehmen aufgrund der vielschichtigen Aufgaben und zu lösenden Fragen als Projekt organisiert werden.

Der Projektinhalt, der Projektumfang sowie der zeitliche Ablauf werden davon bestimmt sein, ob es sich um eine Anpassung oder Neugestaltung eines bestehenden leistungsbezogenen Entgeltsystems oder um einen Wechsel des Entgeltgrundsatzes handelt, z. B. vom Zeit- zum Prämienentgelt, oder einen Wechsel der Leistungsentgeltmethode, z. B. vom Prämien- zum Zielentgelt.

Mit der Entscheidung werden die Rahmenbedingungen für die weiteren Prozessschritte festgelegt:

- Mitglieder der Projektgruppe
- Budgets für das Projekt
- Zeithorizont für die Fertigstellung des leistungsbezogenen Entgeltsystems
- Rechte, Pflichten und Verantwortlichkeiten der in der Projektgruppe Mitwirkenden

Die Projektgruppe trägt die Hauptlast bei der Entwicklung und Umsetzung des Entgeltsystems. Es ist deshalb insbesondere bei tief greifender Veränderung und Neugestaltung von leistungsbezogenen Entgeltsystemen zweckmäßig, der mit der Projektgruppenleitung beauftragten Person die erforderliche zeitliche Kapazität zuzubilligen. Die Projektgruppe und die darin Mitwirkenden sollten von der Geschäftsführung eingesetzt werden.

Die Projektgruppe ist ein Arbeitsgremium, das die Entscheidungsgrundlagen für die Geschäftsführung und den Betriebsrat erarbeitet. Zu den Aufgaben der Projektgruppe zählen insbesondere:

- Durchführung aller Aufgaben bei der Hauptuntersuchung
- Vorschlag zur Gestaltung des leistungsbezogenen Entgeltsystems
- Vorbereitung der Entscheidung der Betriebsparteien über das leistungsbezogene Entgeltsystem
- Information und ggf. Einbeziehung der Betroffenen (Vorschläge, Hinweise …)
- Einführung des leistungsbezogenen Entgeltsystems nach erfolgter Entscheidung von Geschäftsleitung und Betriebsrat

Im Interesse einer zielführenden und effektiven Durchführung der einzelnen Schritte ist es zweckmäßig, durch die Geschäftsführung einen Projektverantwortlichen mit der fachlichen Führung zu beauftragen und die Mitglieder der Projektgruppe persönlich zu benennen.

Die Aufgabenstellung ist klar und eindeutig zu formulieren und den Mitgliedern der Projektgruppe möglichst schriftlich zu übergeben.

In der Praxis hat sich meist folgende Zusammensetzung der Projektgruppe bewährt:

- Projektleiter: Mitarbeiter der Personalabteilung, der Fertigungsplanung oder der Arbeitsvorbereitung, ggf. Führungskraft des betroffenen Bereichs

- Führungskraft des betroffenen Bereichs, soweit nicht mit der Projektleitung beauftragt (Produktionsleiter, Meister, Techniker …)
- Mitarbeiter der Personalabteilung, der Fertigungsplanung oder der Arbeitsvorbereitung, soweit sie nicht bereits als Projektleiter beauftragt sind, evtl. QS-Mitarbeiter, Mitarbeiter Controlling und Entgeltabrechnung
- Beschäftigte, vorzugsweise Fachkräfte, des betroffenen Bereichs
- fachlich mit dem Bereich vertrautes Mitglied des Betriebsrats

▶ **Hinweis für die Praxis:** Bei der Zusammensetzung der Projektgruppe empfiehlt sich die frühzeitige Einbindung von Betriebsratsmitgliedern als Mitwirkende, jedoch nicht in erster Linie in ihrer Rolle als Betriebsrat. Das Betriebsratsmitglied wirkt somit in erster Linie fachlich an den Arbeiten der Projektgruppe mit. Die Mitbestimmung des Betriebsrats gem. § 87 Nr. 10 BetrVG ist hiervon nicht betroffen und findet nachgelagert statt.

Gegebenenfalls kann auch ein Experte, beispielsweise ein Vertreter des regionalen Arbeitgeberverbandes, als fachlicher Inputgeber einbezogen werden. Die Beauftragung eines externen Projektleiters führt hingegen zumeist nicht zum gewünschten Ergebnis der Projektarbeit. Die betrieblichen Gegebenheiten werden in solchen Fällen häufig nur unzureichend berücksichtigt, da die Identifikation mit dem Unternehmen fehlt. Beschäftigte können sich zudem nicht genügend miteinbezogen fühlen, was eine Ablehnung des neuen Systems zur Folge haben kann.

3.3   Schritt 3 – Bereichsspezifische Unternehmensziele festlegen

Ausgehend von den im Schritt 1 (s. Abschn. 3.1) global definierten Zielen für das neue leistungsbezogene Entgeltsystem, sind in diesem Schritt 3 die Ziele als Grundlage für die weiteren Analysen und Gestaltungsschritte zu präzisieren.

Unternehmensziele für den ausgewählten Bereich festlegen
Hierzu sind zunächst die vorrangigen Ziele zu bestimmen. Dies betrifft insbesondere:

- die betriebswirtschaftlichen Ziele des Unternehmens, z. B. Kostenreduzierung, Senkung der Durchlaufzeiten, Steigerung der Betriebsmittelnutzung, Verbesserung der Qualität, Erhöhung der Termintreue, Steigerung der Produktivität …
- die arbeitsorganisatorischen Ziele des Unternehmens, z. B. Einzelinteresse jedes Beschäftigten an seiner persönlichen Leistung und seinen Ergebnissen oder Entwicklung eines gruppenbezogenen Interesses, Konzentration

auf den gesamten Prozess im betrachteten Bereich oder nur einzelner Prozessschritte,

- die erforderlichen Leistungsdaten für Planung und Steuerung, Kalkulation, Wirtschaftlichkeitsrechnung … und
- den Zeitpunkt der Einführung des leistungsbezogenen Entgeltsystems.

Als Unterstützung für die Bestimmung der Ziele des leistungsbezogenen Entgeltsystems im jeweiligen Bereich hat sich die Anwendung eines nutzwertanalytischen Vorgehens in vielen Unternehmen bewährt. Ein diesbezügliches Verfahren ist in Abschn. A2 beigefügt.

Ausgehend von diesen Zielvorstellungen sind die im betrachteten Bereich konkret anzustrebenden Ziele abzuleiten, die für die Erreichung der Unternehmensziele maßgeblich sind (s. Abb. 3.2), wie z. B.:

- Mengenleistung auf … erhöhen
- Fertigungszeiten in Höhe von … einsparen
- Durchlaufzeiten um … senken
- Ausschuss und Nacharbeit um … verringern
- Betriebsmittelnutzung um … erhöhen
- Terminabweichungen um … reduzieren
- Fertigungskosten auf … reduzieren
- Produktivität auf … erhöhen
- Gesamtanlageneffektivität auf … steigern
- Deckungsbeitrag beim Absatz von Produkten im Markt C auf … erhöhen
- Arbeitszeiten um … % besser nutzen
- Arbeitsunfälle um … % reduzieren
- definierten Werten des Unternehmens gerecht werden
- betrieblich erforderliche Verhaltensaspekte verbessern

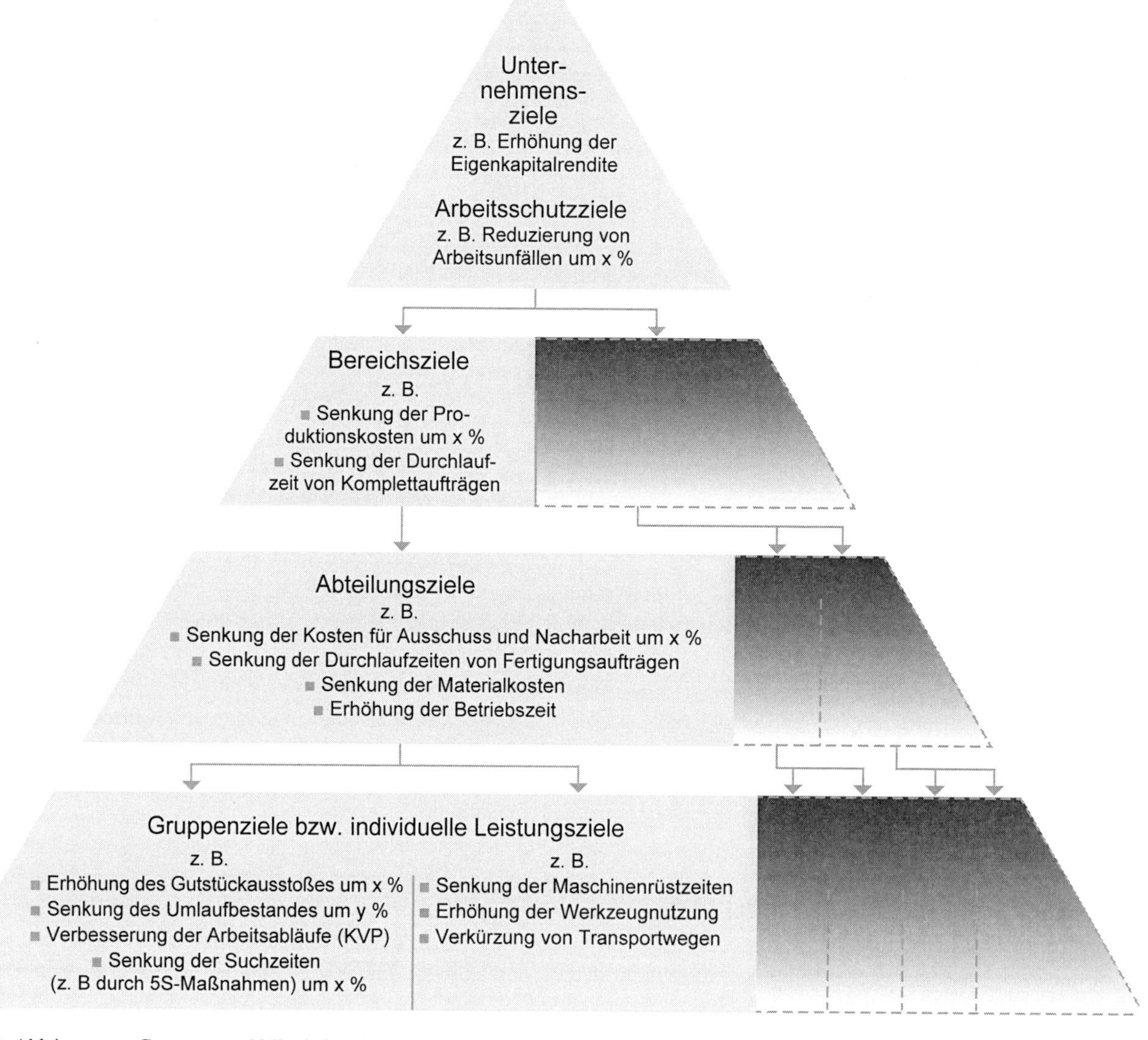

Abb. 3.2 Ableitung von Gruppen- und Mitarbeiterzielen aus Unternehmenszielen

▶ **Hinweis für die Praxis:** Die Entgeltgestaltung ist nicht als „Allheilmittel" für mögliche Defizite in der Führung und Organisationsgestaltung zu sehen. Viele der oben genannten Ziele, z. B. Senkung der Fertigungskosten, Senkung der Durchlaufzeiten oder eine Erhöhung der Mengenleistung können und sollten zunächst durch Maßnahmen der Prozessgestaltung angestrebt werden. Grundsätzlich gilt immer die Maßgabe: erst die Prozesse optimieren, dann das Entgeltsystem einführen!

Die konkreten Bereichsziele sind hinsichtlich ihrer Priorität und Bedeutung für die Erreichung der Unternehmensziele zu bewerten und zu priorisieren, d. h. zu unterscheiden in „Muss"- und „Kann"-Kriterien bezüglich der zu erreichenden Zielerfüllungen.

Bereits zu diesem Zeitpunkt sollte berücksichtigt werden, inwieweit diese Bereichsziele sich auch in für den einzelnen Beschäftigten transparenten und leistungsbezogenen Kennzahlen oder in beurteilbaren Leistungs- und Verhaltensmerkmalen ausdrücken lassen. Davon ausgehend sollten Empfehlungen für geeignete Kennzahlen bzw. Beurteilungsmerkmale gegeben werden, die von der Projektgruppe in den weiteren Schritten weiter ausgearbeitet und dem leistungsbezogenen Entgelt zugrunde gelegt werden.

Um entscheiden zu können, inwieweit diese Kennzahlen tatsächlich für ein kennzahlenbasiertes Leistungsentgelt (Prämienentgelt oder Zielentgelt) geeignet sind oder den Charakter beurteilbarer Leistungs- und Verhaltensmerkmale besitzen, sind die nachfolgenden Voraussetzungen zu prüfen.

Sachliche Voraussetzungen, beispielsweise:

- Lassen sich Daten mit angemessenem Aufwand ermitteln, vor der Ausführung des Arbeitsauftrags vorgeben und in vertretbarem Zeithorizont abrechnen?
- Haben die definierten Leistungsergebnisse längerfristige Bedeutung für die Bereichs- und Unternehmensziele?

Organisatorische Voraussetzungen, beispielsweise:

- Gibt es eine relativ stabile Aufbau- und Ablauforganisation?
- In welchen Zeiträumen und wie regelmäßig wiederholen sich Arbeitsaufträge und Arbeitsabläufe?
- Wie ist die Erfassung von Leistungsergebnissen materiell-technisch organisiert (Maschinen-/Betriebsdatenerfassung (MDE/BDE)); wie und mit welcher Automatisierung erfolgt deren „zulässige" Verarbeitung und Auswertung?
- Wie erfolgt die unterjährige Beurteilung weicher Zielsetzungen in Bezug auf deren Erfüllung?

Personelle Voraussetzungen, beispielsweise:

- Welche Fachkräfte stehen mit welcher Qualifikation für die Datenermittlung, Abrechnung, Kontrolle und Qualitätssicherung der Vorgaben zur Verfügung?
- Stehen genügend eingearbeitete Fachkräfte zur Erfüllung der Aufgaben in den jeweiligen Bereichen zur Verfügung?

Stellt sich bereits hier heraus, dass diese Voraussetzungen nicht ausreichen oder die Ziele sich nicht in Kennzahlen der oben skizzierten Qualität ausdrücken lassen bzw. die Kennzahlen nicht mit angemessenem Aufwand vorherbestimmt werden können, eignen sich die gewählten Ziele nicht als Grundlage für Formen des kennzahlenbasierten Leistungsentgelts. Dies gilt insbesondere für das Prämienentgelt, bei dem ein hoher Detaillierungsgrad der Kennzahlen vorliegen muss. Bei Zielentgelt ist auf eine (im Zeitverlauf) hohe Stabilität der Kennzahlen zu achten.

Liegen die genannten Voraussetzungen nicht vor, kann alternativ die Einführung einer Leistungsbeurteilung mit daraus resultierender Leistungszulage geprüft werden.

Festlegung eines Pilotbereichs

Im Zusammenhang mit der Festlegung der Unternehmensziele sollte zugleich entschieden werden, ob die Einführung des leistungsbezogenen Entgelts in einem Pilotbereich erprobt werden soll und ggf. in welchem betrieblichen Bereich.

Wenn ein Pilotbereich gewählt wird, sollte er folgende Bedingungen erfüllen:

- Der Bereich ist mit anderen Bereichen des Unternehmens vergleichbar, um die spätere Ausweitung der Entgeltlösung auf andere Unternehmensbereiche aufgrund der gesammelten Erfahrungen zu erleichtern.
- Der gewählte Bereich weist aus sachlicher, organisatorischer und personeller Sicht günstige Bedingungen auf.
- Er bietet aufgrund dieser Bedingungen eine hohe Erfolgsgarantie bzgl. der Gestaltung, Einführung und Anwendung der zu konzipierenden leistungsbezogenen Entgeltlösung.

▶ **Hinweis für die Praxis:** Nichts motiviert mehr als erfolgreiche Beispiele im eigenen Unternehmen. Der Erfolg des Pilotbereichs weckt das Interesse anderer Bereiche und der dort eingesetzten Beschäftigten an der Einführung vergleichbarer Lösungen. Misslingt die Einführung im Pilotbereich, führt dies in der Regel zu einem kompletten Abbruch des Projektes.

Nach der Festlegung eines Pilotbereichs ist zu prüfen, ob die Führungskraft, Fachkräfte oder andere Mitarbeiter des

Bereichs bereits in die Projektgruppe einbezogen sind oder ob evtl. eine personelle Anpassung vorgenommen werden muss.

3.4 Schritt 4 – Hauptuntersuchung durchführen

Im Rahmen der Hauptuntersuchung gilt es, im betrachteten Bereich folgende Schwerpunkte zu setzen:

- Erfassung des Ist-Zustands und Planung des Soll-Zustands
- Beschreibung der Arbeitssituation bzw. des Arbeitssystems
- Information der betroffenen Beschäftigten

Erfassung des Ist-Zustands und Planung des Soll-Zustands

Während im Schritt 1 „Voruntersuchung durchführen" (s. Abschn. 3.1) eine Grobanalyse der Ist-Situation im Vordergrund stand, geht es in diesem Schritt nunmehr um die Feinanalyse der Ist-Situation im ausgewählten Bereich für die Gestaltung und Einführung des Entgeltsystems.

Feinanalyse Ist-Zustand

Im Rahmen der Feinanalyse ist es zweckmäßig, analog der Voruntersuchung, getrennt nach den folgenden vier Schwerpunkten vorzugehen.

Analyse der technischen Bedingungen:

- Welche Betriebsmittel kommen zum Einsatz?
- Welche Fertigungstechnologien werden angewendet?
- Welche Möglichkeiten der automatisierten Datenerfassung mittels Sensorik und der Datenspeicherung bestehen in den betrachteten Fertigungsbereichen?
- Welche technischen Möglichkeiten existieren zur Unterstützung der Datenverarbeitung und -auswertung?
- Wie sind die Prozesse (horizontal und vertikal) miteinander vernetzt?

Die Ergebnisse dieser Analyse sollen verdeutlichen, ob bzw. wie

- die Leistungskapazitäten der Betriebsmittel ausreichend genutzt werden;
- technische Möglichkeiten der Datenerfassung und -auswertung und der Digitalisierung vorhanden sind und genutzt werden;
- ergonomische Gestaltungserfordernisse bestehen u. v. m.

Analyse der organisatorischen Bedingungen:

- Welche Form der Arbeitsorganisation wird angewandt?
- Wie ist der Materialfluss ausgerichtet?

- Wie sind die Informationsflüsse organisiert?
- Wie sind die Schnittstellen zu vor- und nachgelagerten Bereichen?
- Haben andere Bereiche Einfluss auf die Leistungserbringung im betrachteten Bereich?

Die Ergebnisse dieser Analyse sollen verdeutlichen, ob z. B.

- in Einzel- oder Gruppenarbeit gearbeitet wird und/oder ob technologiebedingte Zusammenarbeit vorliegt;
- Maßnahmen der Arbeitsstrukturierung (Arbeitserweiterung, Arbeitsbereicherung, organisierter Arbeitsplatzwechsel) erforderlich sind;
- Verluste durch überzogene Liegezeiten infolge unstrukturierter Materialflüsse auftreten;
- Informationsverluste durch mangelhafte Informationsflüsse auftreten;
- andere Bereiche, wie z. B. Werkzeugbau, Instandhaltung, Transport, Innendienst bei Außendienstmitarbeitern Einfluss auf die eigene Leistungserbringung haben und wie dieser Einfluss sich gestaltet.

Analyse der personellen Bedingungen:

- Wie viele Mitarbeiter mit welcher Qualifikation stehen im betrachteten Bereich zur Verfügung?
- Wie ist es um den Leistungswillen und die Leistungsbereitschaft der Mitarbeiter bestellt?
- Welcher Führungsstil liegt im betrachteten Bereich vor?

Die Ergebnisse dieser Analyse sollen verdeutlichen, ob z. B.

- personelle Einzelmaßnahmen erforderlich sind (Umsetzung, Qualifizierung …),
- betriebliche Workshops zur Erhöhung der Leistungsmotivation erforderlich sein können,
- der vorliegende Führungsstil dem System entspricht,
- Führungskräfte Beurteilungs- oder Zielvereinbarungs- und -erfüllungsgespräche führen können.

Analyse der materiellen Bedingungen:

- Wie hoch sind die Entgeltkosten?
- Wie hoch ist der Anteil der Lohnkosten an den Fertigungskosten?
- Wie hoch sind die Kosten für Ausschuss und Nacharbeit?

Die Ergebnisse dieser Analyse sollen verdeutlichen, z. B.

- wie ggf. die Kostenstruktur verbessert werden müsste,
- inwieweit die Stückkosten gesenkt werden können,
- ob die Kosten für Ausschuss und Nacharbeit zu hoch und von den Beschäftigten nachhaltig zu verbessern sind.

Als Hilfe für die Entscheidungsfindung im Unternehmen, welche Entgeltmethode infrage kommt, werden Prüflisten für die Anwendung der Entgeltmethoden Prämienentgelt (s. Abb. A.1), Zielvereinbarung (s. Abb. A.2) und Zeitentgelt mit Leistungszulage (s. Abb. A.3) zur Verfügung gestellt. Zeitentgelt mit Leistungszulage lässt sich generell in allen Bereichen einführen.

Planung des Soll-Zustands
In Verbindung und in Auswertung der Ergebnisse der vorgenannten Analysen gilt es, im Bedarfsfall entsprechende Maßnahmen, z. B. zur Fertigungssteuerung, Verbesserung der Arbeitsorganisation, zur Arbeitszeitgestaltung, zur ergonomischen Gestaltung der Arbeitsplätze, zur Qualifizierung u. Ä. abzuleiten, mithilfe derer das Leistungspotenzial des Bereichs erschlossen und genutzt werden kann. Diese Maßnahmen sollten zwingend vor der Gestaltung und Einführung des neuen Systems erfolgen. Hierbei ist zu berücksichtigen, dass Entgeltsysteme nur bei Übereinstimmung mit der Organisation und dem Arbeitszeitsystem die Erwartungen an Leistung und Erfolg erfüllen. Dabei sollte deutlich gemacht werden, wo und wie Mitarbeiter Einfluss auf die gesetzten Ziele oder Vorgaben nehmen können. Zugleich sollte die Wirkung der in Abb. 3.3 gleichfalls dargestellten Rahmenbedingungen nicht unterschätzt werden.

▶ **Hinweis für die Praxis:** Beispiele erfolgreicher Entgeltsysteme zeigen, dass diese nicht alleinstehend, sondern im Kontext der betrieblichen Rahmenbedingungen (s. Abb. 3.3) zu entwickeln sind. Neben externen Einflüssen wie gesetzlichen Regelungen oder dem Marktniveau sollten insbesondere die unternehmensinternen Vorgaben auch bezüglich des Arbeitszeitverhaltens oder der Prozessorganisation Berücksichtigung finden. Zweckmäßig ist es, diese Punkte mit in die Kennzahlen, Ziele bzw. Beurteilungsmerkmale einzubauen (z. B. Nutzung einer Produktivitätskennzahl, die die Anwesenheitszeit der Mitarbeiter berücksichtigt).

Gleichzeitig sind die Einfluss- und Bestimmungsfaktoren auf das Leistungspotenzial zu ermitteln. Dies betrifft insbesondere folgende Feststellungen:

- Was sind die wirtschaftlichen Leistungsschwerpunkte und deren Bezugsgrößen und Bestimmungsgrößen im Bereich?
- Wer beeinflusst wie diese Leistungsschwerpunkte?
- Sind die Leistungsschwerpunkte für kürzere Leistungsperioden quantifizierbar?
- Mit welchen Methoden und mit welchem Aufwand können die Leistungsschwerpunkte als Leistungsdaten mess- und nachweisbar dargestellt werden?
- Welche Leistungsperioden beschreiben einen belastbaren Durchschnitt?

Mit der Beantwortung dieser Fragen werden die Ausgangsbedingungen für die Ausgestaltung möglicher leistungsbezogener Entgeltsysteme gesetzt.

Beschreibung der Arbeitssituation
Im Regelfall folgt auf die Feinanalyse des Bereichs eine ergänzende Beschreibung der jeweiligen Arbeitssituation bzw. des Arbeitssystems. Dies betrifft neben den Daten aus der Analyse bei kennzahlenbasierten Leistungsentgeltsystemen insbesondere solche Leistungsdaten wie z. B.:

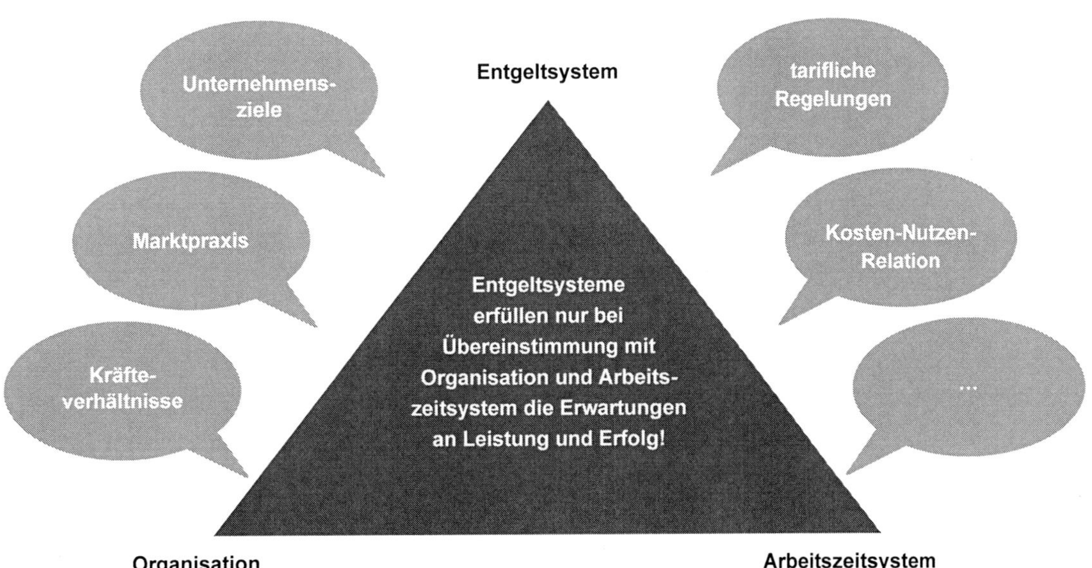

Abb. 3.3 Einflussfaktoren auf die Gestaltung von Entgeltsystemen

- die Anzahl der zu fertigenden Einzelteile, Baugruppen und/oder Fertigteile, ggf. in Verbindung mit den jeweiligen Losgrößen,
- die angefallenen Haupt- und Nebenzeiten, Erhol- und Verteilzeiten,
- die Häufigkeit und Dauer von Rüstvorgängen,
- den Aufwand für Inspektion, Wartung, Instandhaltung und Reparaturen sowie
- die angefallenen Störzeiten und deren Ursachen.

Die Ermittlung derartiger Leistungsdaten sollte dabei bereits berücksichtigen,

- ob es bereits vorhandene Daten zu den genannten Sachverhalten aus anderen Quellen gibt (betriebliche Statistiken, Abrechnungsdokumente o. Ä.);
- die Reproduzierbarkeit dieser Datenfeststellung gegeben ist und
- ob die Transparenz der gewonnenen Daten jederzeit gegeben ist.

Information der Mitarbeiter, Führungskräfte und des Betriebsrats
Neben der Durchführung der Analysen und der Beschreibung der Arbeitssituation darf nicht vergessen werden, die Beschäftigten im betroffenen Bereich von der beabsichtigten Einführung oder Neugestaltung des leistungsbezogenen Entgeltsystems zu informieren und ggf. die Ergebnisse der Analysephase und deren Beeinflussbarkeit durch die Beschäftigten in Ausschnitten darzustellen.

3.5 Schritt 5 – Leistungsbezogenes Entgeltsystem gestalten

Ausgehend von den Ergebnissen der Hauptuntersuchung im Schritt 4 ist nun systematisch das zukünftige leistungsbezogene Entgeltsystem in folgenden fünf Stufen auszugestalten:

1. Bestimmung geeigneter Kennzahlen bzw. Beurteilungsmerkmale
2. Individuelle oder kollektive Berücksichtigung der Leistung
3. Konzipierung des Entgeltverlaufs
4. Entscheidung über das leistungsbezogene Entgeltsystem
5. Durchführung von Wirtschaftlichkeitsbetrachtungen

Hierbei sind die in Abb. 3.4 genannten Aspekte der Entgeltgestaltung zu beachten.

Bestimmung geeigneter Kennzahlen bzw. Beurteilungsmerkmale
Ausgehend von den Ergebnissen der Erfassung der Leistungsschwerpunkte und der zusätzlichen Leistungsdaten unter Beachtung der gestellten Anforderungen gilt es, die jeweils geeigneten Kennzahlen bzw. Beurteilungsmerkmale zu bestimmen. Maßgeblich dafür sind hierbei die die Leistungsschwerpunkte abbildenden Einflussgrößen und insbesondere deren Ausprägung in Form von Kennzahlen bzw. Beurteilungsmerkmalen. In vielen Fällen ergeben sich die Kennzahlen bzw. Beurteilungsmerkmale unmittelbar aus der Benennung der Einflussgrößen.

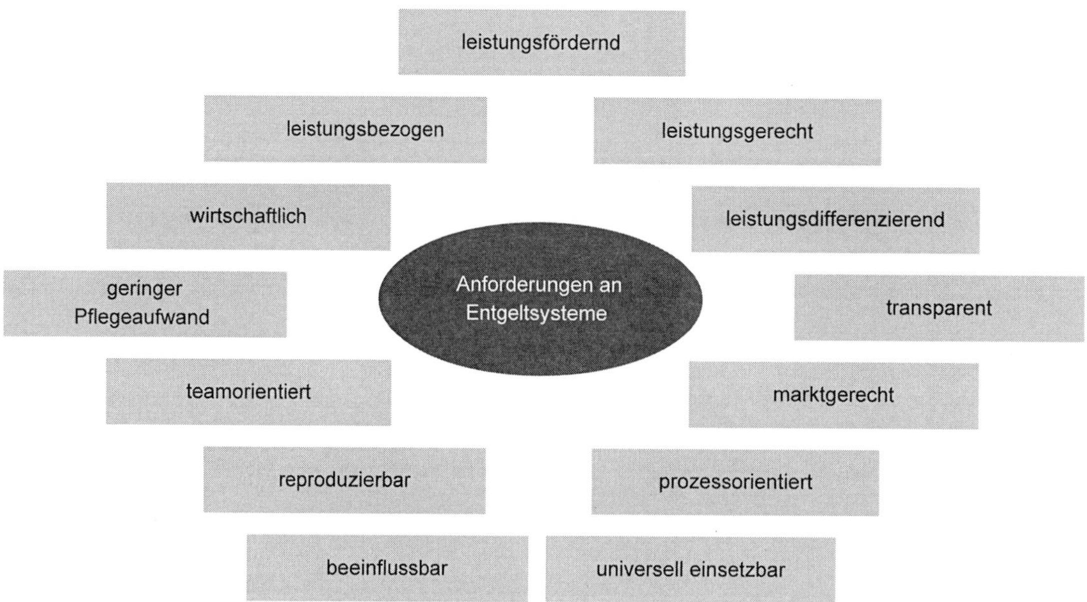

Abb. 3.4 Aspekte der Entgeltgestaltung

▶ **Hinweis für die Praxis:** „Keep it simple": Das Leistungsentgeltsystem und insbesondere die Relation von Leistung und Entgelt sowie die Möglichkeiten zur Beeinflussung müssen vor allem für die betroffenen Mitarbeiter verständlich und nachvollziehbar sein.

Individuelle oder kollektive Berücksichtigung der Leistung
Je nach Auswahl der Kennzahl, Ausgestaltung der Prozesse/ Arbeitsaufgaben oder auch unter Berücksichtigung der entsprechenden Unternehmenskultur können Leistungsentgelte so gestaltet werden, dass sie entweder die Leistung des Einzelnen (z. B. Einzelakkord oder individuelle Leistungsbeurteilung) oder die einzelner Teams bzw. Organisationseinheiten (Gruppenakkord/-prämie) betrachten. Auch sind Kombinationen aus beidem möglich (z. B. individuelle Verteilung einer durch eine Gruppe erwirtschaftete Prämie durch Beurteilung). Bei einer Entscheidung, die Beschäftigten am Erfolg des Unternehmens zu beteiligen, stehen eher kollektive Verteilungsstrategien im Vordergrund. Häufig findet sich eine Orientierung an den Erfolgen einzelner Organisationsbereiche bis hin zum Erfolg des gesamten Unternehmens.

Individuelles Leistungsentgelt

Mögliche Vorteile:

- Zusammenhang eigene Leistungserbringung und Leistungsentgelthöhe für einzelnen Beschäftigten unmittelbar spürbar
- hoher individueller Leistungsanreiz

Mögliche Nachteile:

- Anreiz zur Optimierung der eigenen Leistungserbringung ohne Berücksichtigung der unternehmerischen Zielsetzung
- Orientierung auf Teiloptimierungen
- Betonung der Konkurrenz
- ggf. erhöhter Aufwand bei der Ermittlung und Zuordnung der Daten

Erfordert:

- klare individuelle Beeinflussbarkeit
- individuelle Vorgaben (Aufwand!)
- Messbarkeit und Zurechenbarkeit der individuellen Leistungsergebnisse

Gruppen-/bereichsbezogenes Leistungsentgelt

Mögliche Vorteile:

- Orientierung an betriebswirtschaftlich ausgerichteten Leistungsmaßstäben

- Gruppenarbeit nicht Voraussetzung – Anreizrichtung und angestrebtes wirtschaftliches Ergebnis sind ausschlaggebend
- geringerer Aufwand (zweckmäßig, wenn individuelle Leistung nicht oder nur mit überhöhtem Aufwand vorher bestimmbar und/oder abrechenbar ist)
- Stärkung der Zugehörigkeit und des Teamgedankens

Mögliche Nachteile:

- Orientierung am unteren Leistungsniveau, um leistungsschwächere Gruppenmitglieder zu schützen
- ggf. Demotivation von Leistungsträgern

Erfordert:

- gestaltbare Regelung der Verteilung des Gruppenleistungsentgelts
- ggf. Vorsehen eines individuellen Leistungsanreizes

▶ **Hinweis für die Praxis:** Neben den direkt am Wertschöpfungsprozess eines Bereichs beteiligten Mitarbeitern kann es auch sinnvoll sein, vor- und nachgelagerte Bereiche (z. B. Materialanlieferung, Instandhaltung, Logistik, innerbetrieblicher Transport) mit in das Entgeltsystem einzubeziehen. Dies ist insbesondere dann zu überlegen, wenn starke Abhängigkeiten zwischen den Bereichen vorliegen und dadurch das Leistungsergebnis deutlich beeinflusst werden kann.

Ist die Frage beantwortet, ob es sich eher um ein individuelles oder ein gruppenbezogenes Leistungsentgelt oder gar eine Kombination aus beidem handeln soll, ist weiterhin festzulegen, wie die Verteilung des Leistungsentgelts in einer kollektiven Lösung erfolgen soll.

Im Vorfeld ist zu entscheiden, ob

- die Höhe des Leistungsentgeltbestandteiles unmittelbar von der Höhe des Grundentgelts aller betroffenen Beschäftigten abhängig ist, und somit in der Höhe durch die Anzahl und Eingruppierung der Beschäftigten bestimmt wird, oder
- ein fest definiertes Volumen „Leistungsentgelttopf" zur Verteilung vorgesehen ist.

Abb. 3.5 verdeutlicht die Verteilungsmöglichkeiten des Leistungsentgelts in einer kollektiven Betrachtung. Grundsätzlich stehen drei Möglichkeiten zur Verfügung:

1. **absolut gleich:** Das Volumen des zur Verfügung stehenden Leistungsentgelts wird auf alle Beschäftigten zu gleichen

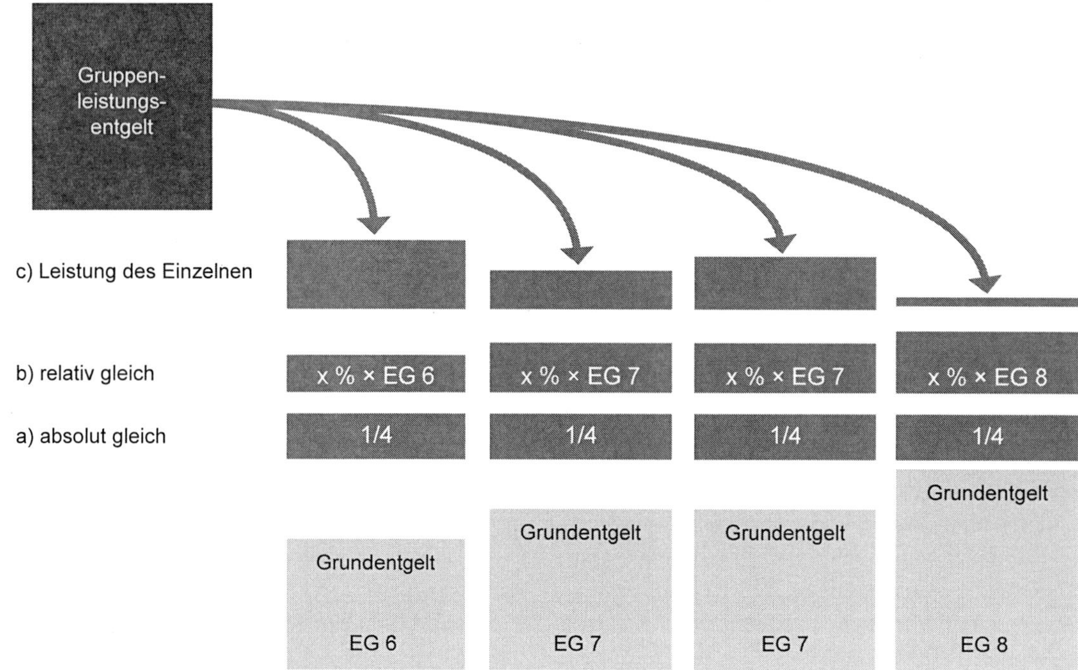

Abb. 3.5 Verteilungsformen eines Gruppenleistungsentgelts

Teilen verteilt, ohne Berücksichtigung von Eingruppierung, Aufgabe oder Beitrag zur Leistungserbringung.

2. **relativ gleich**: Das Leistungsentgelt ist proportional abhängig vom Grundentgelt.
3. **individuelle Leistung**: Das Leistungsentgelt wird durch eine individuelle Beurteilung der Beschäftigten ermittelt.

▶ **Hinweis für die Praxis:** Welche Verteilungsform eingesetzt wird, ist immer stark von der vorliegenden Situation und den beteiligten Mitarbeitern abhängig. Insbesondere für Gruppen von Mitarbeitern mit stark unterschiedlichen Grundentgelten wird häufig die Möglichkeit einer relativen Gleichverteilung genutzt, da ansonsten die Gefahr einer Demotivation der Mitarbeiter in den höheren Entgeltgruppen besteht.

Konzipierung des Entgeltverlaufs

Unter Berücksichtigung von Prämienart und Prämientyp bzw. der konkreten Ausgestaltung der Zielvereinbarung bzw. Leistungsbeurteilung ist der Entgeltverlauf festzulegen. Abb. 3.6 zeigt beispielhafte Entgeltlinienverläufe. Die Festlegung des Entgeltverlaufs ist in erster Linie davon abhängig, wie die finanziellen Schwerpunkte im Prozess der Leistungserbringung und -erhöhung gesetzt werden und welche Effekte hinsichtlich der Produktivität erwartet werden. Dabei geht es immer um das Wechselspiel zwischen dem wirtschaftlichen Nutzen einer Leistung und der angemessenen Höhe ihrer Bezahlung.

▶ **Hinweis für die Praxis:** In der Praxis findet sich am häufigsten ein linearer Verlauf der Entgeltlinie. Dieser Zusammenhang ist meist am einfachsten nachzuvollziehen und wird daher am ehesten akzeptiert. Je nach Prozess und Zielstellung sind auch andere Verläufe denkbar.

Entscheidung über das leistungsbezogene Entgeltsystem

Ausgehend von den Ergebnissen der Bestimmung der am besten geeigneten Kennzahlen bzw. Beurteilungsmerkmale in Verbindung mit der sich dazu abzeichnenden Prämienart sowie des Prämientyps bzw. Zielvereinbarungs- oder Leistungsbeurteilungssystems ist die Entscheidung erst in der Projektgruppe und anschließend im Management über die zukünftig anzuwendenden Systeme zu treffen. Sollten dabei Kennzahlen bzw. Beurteilungsmerkmale, Prämienart und Prämientyp bzw. Zielvereinbarungs- oder Leistungsbeurteilungssystem im Vorfeld eindeutig ausgerichtet sein, wird die Entscheidung klar ausfallen. Sollten sich jedoch mehrere Systemvarianten ergeben, ist es zweckmäßig, mittels „Expertenvergleich" (Projektgruppe, Führungskräfte, Betriebsrat, Mitarbeiter) diese Varianten auf ihre Wirkungsrichtung und deren Wirksamkeit zu überprüfen und aus der Sicht der hier Beteiligten über das wirksamste Entgeltsystem zu entscheiden. Eine mögliche Methodik hierzu stellt die Nutzwertanalyse dar (s. Abschn. A2). Die Entscheidung über das geeignete Prämien-, Zielvereinbarungs- oder Leistungsbeurteilungssystem sollte aber nicht automatisch bedeuten, dass dieses System nunmehr endgültigen Charakter

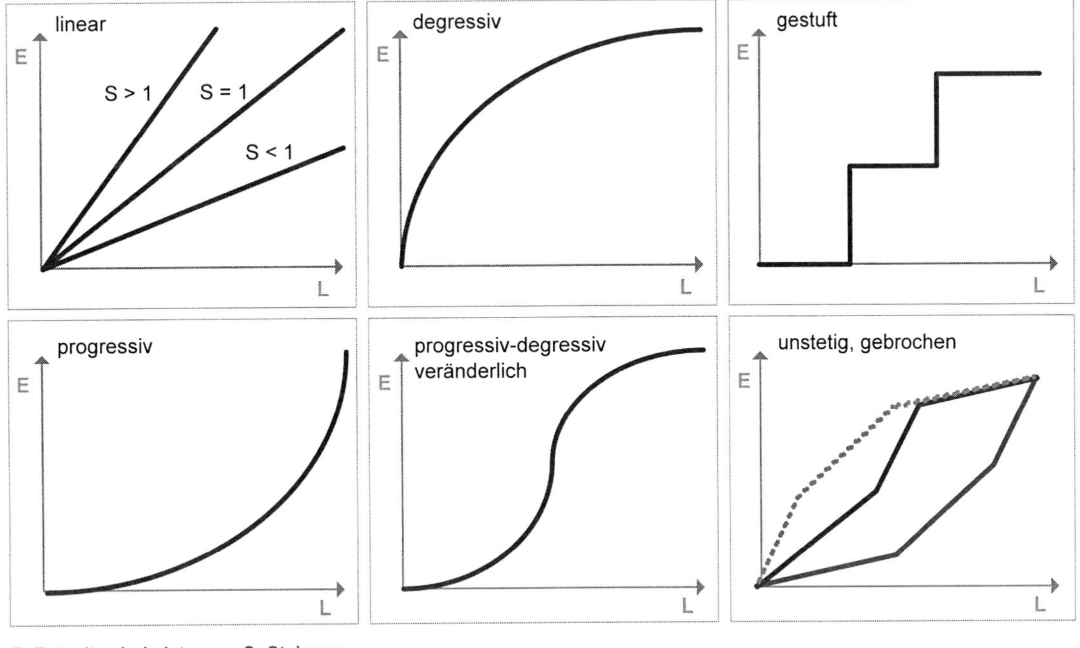

Abb. 3.6 Beispiele für Entgeltlinienverläufe (i. A. a. REFA-MLBO Teil 5)

hinsichtlich seiner späteren Anwendung hat. Bevor ein neues leistungsbezogenes Entgeltsystem endgültig „scharf gefahren" wird, ist unbedingt empfehlenswert, es im Einführungsprozess vorher zu testen. Im Zusammenhang mit der Entscheidung über Prämienart und Prämientyp bzw. Zielvereinbarungs- oder Leistungsbeurteilungssystem sind zugleich die Maßnahmen zur Schaffung der erforderlichen Unterlagen für die Leistungs- und Entgeltabrechnung festzulegen.

Wirtschaftlichkeitsbetrachtungen

Im Zusammenhang mit der Anwendung neuer leistungsbezogener Entgeltsysteme ist zu beachten, dass der Aufwand für die Einführung und die ggf. höheren Verdienstmöglichkeiten durch das Entgeltsystem sowie die laufende Betreuung und Kontrolle des Systems durch eine bessere Wirtschaftlichkeit gerechtfertigt sein muss. Jedes neue Entgeltsystem sollte dem Grundsatz der Wirtschaftlichkeit unterworfen sein. Empfehlenswert ist deshalb, bei der Einführung eines neuen leistungsbezogenen Entgeltsystems darauf zu achten, dass stets Vergleichsdaten zwischen den Leistungen und dem Verdienst im alten Entgeltsystem (Akkordentgelt, Prämienentgelt, Zeitentgelt, Zielvereinbarung) und dem neuen leistungsbezogenen Entgeltsystem vorhanden sind. Das können z. B. beim Übergang vom Akkord zur Mengen- bzw. Zeitgradprämie neben den Unterlagen der Betriebsabrechnung die bisherigen Vorgabedaten und die Ist-Daten nach Prämieneinführung sein.

Für alle leistungsbezogenen Entgeltsysteme sollten geeignete Vergleichsdaten herangezogen werden. Das gilt auch beim Wechsel innerhalb der Entgeltmethode. Insbesondere beim Übergang vom Zeitentgelt auf Prämienentgelt oder Zielvereinbarung sollten entsprechende Statistiken über die neuen Leistungsergebnisse erstellt werden, aus denen erkennbar sein sollte, ob die geplanten Leistungssteigerungen erreicht werden bzw. worden sind. Auch aus der Sicht der Wirtschaftlichkeit wird dabei der Sinn eines Probezeitraums mit einer Schattenrechnung für neue leistungsbezogene Entgeltsysteme deutlich.

3.6 Schritt 6 – Leistungsbezogenes Entgeltsystem umsetzen

Nachdem die Entscheidung über das geeignete leistungsbezogene Entgeltsystem gefallen ist, gilt es, den Prozess der Einführung systematisch durchzuführen. Dies sollte zweckmäßigerweise in zwei Stufen erfolgen:

1. Probelauf durchführen und auswerten.
2. Leistungsentgeltsystem auf Dauer einführen und kontrollieren.

An dieser Stelle stellt sich die Frage der Mitbestimmung des Betriebsrats und des Abschlusses der entsprechenden Betriebsvereinbarung. Zudem sind die Führungskräfte, insbesondere bei Einführung einer Leistungsbeurteilung, entsprechend zu schulen. Bezüglich der Mitbestimmung des Betriebsrats ist zu empfehlen, ihn nicht erst jetzt über das konzipierte leistungsbezogene Entgeltsystem in Kenntnis zu setzen, sondern ihn bereits als gleichberechtigtes Mitglied in der Projektgruppe zu gewinnen (vgl. Hinweise in Abschn. 2.3). Hierbei ist jedoch wesentlich, dass Betriebsratsmitglieder inhaltlich im Projekt mitwirken können. Diese wirken in der Projektgruppe auf Basis ihrer fachlichen Kompetenz mit. Die eigentliche Mitbestimmung aufgrund ihrer normativen Kompetenz findet im Betriebsratsgremium statt. Insofern ist zumindest die ständige Information über den Projektablauf gesichert. Inwieweit der Betriebsrat in inhaltliche Aufgaben eingebunden wird, ist von der Situation „vor Ort" abhängig. Überlegenswert ist zumindest seine Einbindung bei der Information und Vorbereitung der betroffenen Beschäftigten.

Bezüglich des Abschlusses der Betriebsvereinbarung sollte darauf geachtet werden, während des Projektablaufs lediglich erste Grundregelungen im Sinne beiderseitiger Orientierungen zum geplanten leistungsbezogenen Entgeltsystem zu vereinbaren, aus denen die Grundübereinstimmung beider Betriebsparteien deutlich wird. Die Grundregelungen bilden dann die Basis für den späteren Abschluss der endgültigen Betriebsvereinbarung. Dies gilt auch hinsichtlich der Regelung der Vergütung während des Probelaufs, z. B. darüber, ob während dieser Zeit die alten Prämienbeträge „eingefroren" werden oder ob eine parallele Abrechnung „alt – neu" erfolgt vor dem Hintergrund, dass bei Erzielung eines höheren leistungsbezogenen Entgelts nach dem neuen System auch dieses höhere Entgelt ausgezahlt wird.

Ein solches Vorgehen mit der Beschränkung auf Grundregelungen ist darüber hinaus dazu geeignet, spätere Überraschungen wegen z. B. sich zwischenzeitlich ergebender neuer Bedingungen oder Abweichungen von geplanten Inhalten innerhalb des Projektes zu vermeiden. Die endgültige Betriebsvereinbarung sollte möglichst während der Erprobung des neuen leistungsbezogenen Entgeltsystems formuliert und mit dem Zeitpunkt des endgültigen Einsatzes der neuen Regelung vereinbart werden. Muster für Betriebsvereinbarungen und deren Regelungsinhalte können die zuständigen regionalen Arbeitgeberverbände zur Verfügung stellen.

> **Hinweis für die Praxis:** Häufig macht es Sinn, bereits in der Betriebsvereinbarung Reklamationsmechanismen zu definieren, die in Streitfällen abgerufen werden können. Hierbei sind insbesondere die Zuständigkeiten, Befugnisse sowie die Besetzungsstärke solcher Gremien festzulegen.
>
> Beispielhaft könnte eine solche Betriebsvereinbarung folgende Bausteine zum Ablauf enthalten:
>
> Paritätische Kommission [Arbeitgeber- und Arbeitnehmervertretung]
> Die Paritätische Kommission entscheidet darüber, ob überhaupt signifikante Änderungen oder Abweichungen eingetreten sind oder auf welche Weise die Prämienlinie und/oder der Prämienausgangswert (PAW) und Prämienendwert (PEW) den veränderten Gegebenheiten anzupassen sind. Sie befasst sich mit den Auswirkungen, die sich aus den technischen und/oder organisatorischen Veränderungen ergeben, die zu einer Änderung oder Neuaufsetzung der Prämienausgangsleistung oder der Arbeitsbedingungen führen können. Auswirkungen auf das Kennzahlengefüge sind unverzüglich, spätestens jedoch innerhalb von einem Monat, von der Paritätischen Kommission zu bearbeiten. Allen Mitgliedern der Paritätischen Kommission sind vom Arbeitgeber die erforderlichen Unterlagen rechtzeitig und umfassend zur Verfügung zu stellen.
> Verfahren bei Streitigkeiten
> Ergeben sich bei der Umsetzung und Anwendung dieser BV Streitfragen oder soll die für einzelne Prämiengruppen maßgebliche Prämienlinie einschließlich PAW und PEW neu festgelegt werden, versuchen die Betriebsparteien zunächst in unmittelbaren Verhandlungen eine Lösung zu finden.

Des Weiteren sind in der Betriebsvereinbarung die betrieblichen Auflösungsmechanismen festzulegen.

Probelauf durchführen und auswerten

Ein solches Vorgehen mit der Beschränkung auf Grundregelungen ist darüber hinaus dazu geeignet, spätere Überraschungen wegen z. B. sich zwischenzeitlich ergebender neuer Bedingungen oder Abweichungen von geplanten Inhalten innerhalb des Projektes zu vermeiden. Die endgültige Betriebsvereinbarung sollte möglichst während der Erprobung des neuen leistungsbezogenen Entgeltsystems formuliert und mit dem Zeitpunkt des endgültigen Einsatzes der neuen Regelung vereinbart werden. Die entsprechende Unterstützung sowie Begleitung der Erarbeitung einer Betriebsvereinbarung und ihrer Regelungsinhalte bieten die zuständigen regionalen Arbeitgeberverbände an.

Als Orientierung für einen Prämienaufbau sollte eine durchschnittlich zu erzielende Prämie im Anfang des zweiten Drittels der definierten Maximalprämie liegen. Zudem muss sichergestellt sein, dass eine maximale Zielerfüllung zumindest temporär realisiert wird. Als Dauer des Probelaufs sollte mindestens ein repräsentativer Abrechnungszeitraum gewählt werden. Je nach Schwankung des Leistungsentgelts können dies ein bis zwei Quartale sein.

Leistungsbezogenes Entgeltsystem auf Dauer einführen und kontrollieren

Ist der Probelauf des neuen Prämien- oder Zielvereinbarungssystems bzw. die Probebeurteilung erfolgreich abgeschlossen, entsteht eine Entgeltrelevanz des neuen Entgeltsystems, das System wird „scharf geschaltet". Als rechtliche Grundlage dient nunmehr die abgeschlossene Betriebsvereinbarung. Ergänzt werden können die inhaltliche und rechtliche Grundlage durch Hinweise zur Nutzung der gewonnenen Erkenntnisse für weitere Vorhaben zur Gestaltung und Einführung leistungsbezogener Entgeltsysteme in anderen Unternehmensbereichen.

3.7 Schritt 7 – Führungskräfte befähigen

Die Einbindung, Befähigung und permanente Weiterbildung von Führungskräften sind die entscheidenden Faktoren für die erfolgreiche Einführung und den entsprechenden Betrieb von Leistungsbeurteilungen und kennzahlenbasierten Leistungsentgeltsystemen. In der Praxis hat sich gezeigt, dass die permanente Sensibilisierung der Führungskräfte im Umgang mit dem Leistungsentgeltsystem notwendig ist, um dieses nachhaltig im Unternehmen einsetzen zu können.

Je nach Entgeltgrundsatz und -methode müssen Führungskräfte über durchaus unterschiedliche bzw. spezielle Kenntnisse und Fähigkeiten verfügen.

Die größten Unterschiede gibt es dabei beim Einsatz von kennzahlenbasierten Systemen auf der einen Seite und Beurteilungssystemen auf der anderen Seite.

Einsatz eines Leistungsbeurteilungssystems

Führungskräfte/Vorgesetzte unterscheiden sich deutlich in der Ausprägung ihrer Führungsqualität, ihrer Leistungserwartungen, Werteverständnis und persönlichen Einstellungen, wodurch das Niveau einer Beurteilung maßgeblich bestimmt wird. Weiterhin können Beurteilungsfehler das Ergebnis einer Leistungsbeurteilung deutlich beeinflussen.

Diese Umstände machen es erforderlich, die Beurteiler in der Durchführung der Leistungsbeurteilung umfassend zu schulen. Neben der Schulung der Beurteilungssystematik und korrekten Vorgehensweise beim Leistungsbeurteilungsprozess ist darüber hinaus auch eine Schulung bzgl. der Gesprächsführung für das Beurteilungsgespräch sinnvoll. Es empfiehlt sich weiterhin, den Beurteilern Beurteilungshilfen (z. B. ein betriebliches Beurteilungslexikon, für den Betrieb definierte Niveaus der Beurteilungsstufen, ausdifferenzierte betriebliche Beurteilungsmerkmale) an die Hand zu geben.

Weiterhin sollten die Beurteiler für Fehlerursachen sensibilisiert werden, um entsprechende Beurteilungsfehler minimieren zu können.

▶ **Hinweis für die Praxis:** Häufig treten die nachfolgenden wesentlichen Beurteilungsfehler auf:

- Vorurteile: Persönliche Vorlieben bzw. Abneigungen beeinflussen die Beurteilung.
- „Halo"-Effekt: Beurteilung eines Leistungsaspektes überstrahlt alle anderen.
- „Kontakt"-Effekt oder „Sekretärinnen"-Effekt: Häufiger Umgang mit den zu Beurteilenden kann das Ergebnis positiv beeinflussen.
- Beurteilung aus zweiter Hand: Der Beurteiler verlässt sich auf Aussagen Dritter.
- Voreilige Schlussfolgerungen: Der Beurteiler legt einmalige Beobachtungen der Beurteilung zugrunde.

- Maßstab-Fehler: Der Beurteiler nimmt sich selbst zum Maßstab.
- Konstanz-Fehler: Die Beurteilungsergebnisse weisen eine eindeutige Tendenz auf.

Einsatz eines kennzahlenbezogenen Leistungsentgelts

Im oberflächlichen Vergleich mit einem Beurteilungssystem scheint eine kennzahlenbasierte Variante zunächst einmal mit weniger Führungsanforderungen an die Vorgesetzten einherzugehen. „Objektive" Kennzahlensysteme scheinen auf den ersten Blick geeignet, das subjektive Moment einer Leistungsbeurteilung auszuschalten. Allerdings ersetzen Kennzahlen, auch wenn sie die Leistung direkt aufzeigen können, nicht die Notwendigkeit der Mitarbeiterführung.

Das Prämienentgelt bzw. der Kennzahlenvergleich ersetzt also nicht die Mitarbeiterführung, unterstützt aber den Führungsprozess durch die Schaffung von Fakten, mit denen positive und negative Ergebnisse belegt werden können (Übererfüllung oder Unterschreiten der Leistungsvorgaben).

Die Leistungsentfaltung wird durch personale Führung gefordert und gefördert. Ein wichtiger Teil der Führungskräfteschulung ist auch hier die Ausbildung entsprechender Kommunikationsfähigkeiten. Auf die Interpretation von Kennzahlen ausgerichtete Kommunikation ist in positiven und negativen Fällen unumgänglich und hat zeitnah zu erfolgen.

Dazu braucht es:

- hohe Präsenz vor Ort
- solide Kenntnisse der Prozesse
- Fähigkeit, Kennzahlen auszuwerten, zu interpretieren und entsprechende Maßnahmen daraus abzuleiten

Es sollte ein zeitnahes Feedback sowohl bei positiven Ergebnissen (z. B. in Form von Anerkennung/Lob) als auch bei negativen Ergebnissen (z. B. in Form von Kritik und Unterstützung) erfolgen.

Die Führungskräfte müssen in der Lage sein, Abläufe kontinuierlich zu überprüfen, zu verbessern und die sich daraus verändernden Leistungserwartungen entsprechend anpassen zu können. Voraussetzung dafür ist, dass die bestmögliche Aktualität der entsprechenden Kennzahlen sichergestellt wird und Änderungen in der Betriebsvereinbarung möglich sind.

Der Führungsprozess kann durch eine Kombination von kennzahlenbasierten Leistungsentgeltsystemen mit einer Leistungsbeurteilung (Ermittlung des individuellen Leistungsergebnisses) verstärkt werden.

Vor dem Hintergrund des Anspruchs und der Anforderungen an die Führung und die Führungskräfte stellen Tab. 3.1, 3.2 und 3.3 Beurteilungs-, Zielvereinbarungs- und Kennzahlenvergleichssysteme unter den Gesichtspunkten

Tab. 3.1 Chancen der Systeme

Beurteilen	Zielvereinbarung	Kennzahlenvergleich
Transparenz der Leistungserwartungen durch Mitarbeitergespräch	hohe Transparenz und konsequente Orientierung an Unternehmenszielen	hohe Transparenz
Leistungserwartungen werden durch Führungskraft festgelegt.	Soll-Werte (Ziele) werden zwischen der Führungskraft und dem Beschäftigten vereinbart.	objektive, mess- und/oder zählbare Einflussgrößen durch Kennzahlen
Leistungserwartungen können in jeder Beurteilungsperiode angepasst werden.	Ziele können in jeder Zielvereinbarungsperiode neu vereinbart werden.	längerfristige Leistungsvorgaben, zeitlich aktuelle Ermittlung der Leistungsergebnisse
definierter und steuerbarer Mittelwert der Leistungsergebnisse	strukturale Führung über die zugrunde liegenden Ziele (Kennzahlen)	strukturale Führung über die zugrunde liegenden Kennzahlen
universelles Entgeltsystem	dynamisches Entgeltsystem	objektives Entgeltsystem

Tab. 3.2 Risiken der Systeme

Beurteilen	Zielvereinbarung	Kennzahlenvergleich
subjektive Beurteilung des Leistungsergebnisses	hoher Aufwand für die Vereinbarung von Zielen	hoher Aufwand für die Ermittlung und Pflege von Soll-Werten sowie Erfassung und Auswertung von Ist-Werten
hoher Zeitaufwand für die Durchführung der Mitarbeitergespräche	hoher Zeitaufwand für die Durchführung der Vereinbarungs- und Erfüllungsgespräche	Festlegung der Ausgangs- und Endleistung durch Arbeitgeber und Betriebsrat in einer Betriebsvereinbarung (Kompromissbereitschaft bei der Festlegung notwendig)
vergangenheitsorientierte Ermittlung des Leistungsergebnisses	Geschäftsführung muss Voraussetzungen für eine Zielvereinbarung schaffen („SMART").	Soll-Werte lassen sich nur gemäß der tariflichen Bestimmungen neu festlegen.

Tab. 3.3 Pflegeaufwand und Führungsanspruch der Systeme

Beurteilen	Zielvereinbarung	Kennzahlenvergleich
geringer Anspruch an die Form der Erfassung und Auswertung der Leistung (erforderliche Notizen für objektivere Beurteilung)	Anspruch an die Ermittlung, Erfassung und Auswertung der Basisdaten abhängig von gewählten Zielen	hoher Anspruch an die Ermittlung, Pflege, Erfassung und Auswertung der erforderlichen und nachvollziehbaren Daten
hoher Anspruch bezüglich des Führungsverhaltens an die Führungskräfte	höchster Anspruch bezüglich des Führungsverhaltens an die Führungskräfte	hoher Anspruch bezüglich des Führungsverhaltens an die Führungskräfte

- Chancen der Systeme,
- Risiken der Systeme und
- Pflegeaufwand und Führungsanspruch der Systeme

gegenüber.

3.8 Schritt 8 – Evaluation durchführen

Das Entgeltsystem findet Anwendung auf die jeweiligen organisatorischen und prozessbezogenen Bedingungen im Unternehmen und entwickelt sich entsprechend mit. Mit der Anwendung des Systems sollte der Einführungs- und Anwendungsprozess daher nicht abgeschlossen sein. Entscheidend für eine hohe Wirksamkeit der neuen Regelungen sind:

- eine ständige Erfolgskontrolle,
- die ständige Pflege der Prämienvorgaben (Datenpflege) bzw. Prüfung der einzelnen Zielvereinbarungen oder der Verteilungskurven bei Leistungsbeurteilungen durch die nächsthöhere Führungskraft bzw. Beschäftigte des Personalbereichs sowie
- regelmäßige Auditierungen durch die Beteiligten.

Beim Prämienentgelt beinhaltet die Erfolgskontrolle die kontinuierliche systematische Analyse der Prämienbedingungen und -leistungen einschließlich der erzielten Prämienverdienste. Hier geht es insbesondere darum, das Wechselverhältnis von erbrachten Prämienleistungen und erzielten Prämienverdiensten zu beobachten, um rechtzeitig zu erkennen, ob es zu Verwerfungen zwischen erbrachter Leistung und erzielten Prämienverdiensten kommt.

Zweckmäßig ist es, mit der Einführung neuer Prämiensysteme die Aktualisierung der Kennzahlen sicherzustellen. Dies gilt selbstverständlich auch für die Pflege bereits vorhandener Prämiensysteme. Ziel ist es, ständig die Aktualität der Prämienvorgaben zu überwachen und zu gewährleisten. Sollten sich z. B. die technischen und organisatorischen Bedingungen der Prämienarbeit grundlegend geändert haben, sind die Prämienvorgaben (Ausgangs- und Endleistung) entsprechend anzupassen und zu ändern. Gleichlautend könnte es die Situation auch erfordern, ein neues verändertes Prämiensystem zu gestalten und einzuführen. Unabhängig vom erforderlichen Änderungsumfang sollte eine Klausel in der Betriebsvereinbarung für eine Verhandlungsverpflichtung der vertragsschließenden Betriebsparteien bestehen (s. Abschn. 3.6).

▶ **Hinweis für die Praxis:** Insbesondere kleinere Verbesserungen (z. B. technisch: leistungsfähigere Schneidstoffe; organisatorisch: kürzere Transportwege, weniger Stillstände, Reduzierung der sachlichen Verteilzeit durch verbesserte Anordnung von Betriebsmitteln …) finden häufig keine Berücksichtigung in den Vorgabezeiten. Über den Zeitverlauf summieren sich diese allerdings und können dazu führen, dass sich das Niveau des Leistungsentgeltsystems erhöht und dann verstetigt, ohne dass eine Mehrleistung der Beschäftigten dahintersteht. Jede betriebliche Veränderung sollte daher als Anlass genutzt werden, die betrieblichen Vorgaben zu überprüfen. Auch sollte keine automatische Übernahme von Vorgabezeiten aus der Vergangenheit für neue (ähnliche) Produkte vorgenommen werden.

Bei Zielvereinbarungen beinhaltet die Erfolgskontrolle die kontinuierliche systematische Analyse der mit jeder neuen Zielvereinbarungsperiode vereinbarten Ziele hinsichtlich ihres Anspruchsniveaus und deren Erfüllung, einschließlich der erzielten Entgelte sowie des Ablaufs der Zielvereinbarung und der dazu geführten Gespräche. Hier geht es insbesondere darum, rechtzeitig zu erkennen, ob sich Fehler in den Zielvereinbarungen zeigen und/oder ob es zu Verwerfungen zwischen der Leistung der Beschäftigten und dem erzielten Entgelt kommt.

Beim Zeitentgelt mit Leistungsbeurteilung sollte nach den Beurteilungsperioden geprüft werden:

- Verteilung der Beurteilungsergebnisse in und zwischen den Beurteilungsbereichen der Führungskräfte
- Verteilung der Leistungszulagen in und zwischen den Beurteilungsbereichen der Führungskräfte
- Rückmeldungen von Beschäftigten über die Beurteilungsgespräche
- Übereinstimmung der Beurteilungsmerkmale mit den betrieblichen Leistungs- und Verhaltenszielen

Hier geht es insbesondere darum, rechtzeitig zu erkennen, ob systematische Fehler in den Leistungsbeurteilungen unterlaufen sind und/oder ob eine tendenzielle, schleichende Rechtsverschiebung der Beurteilungsergebnisse im Beurteilungsbereich festzustellen ist. Aus den Ergebnissen sind ggf. erforderliche Workshops, Erfahrungsaustausche oder Nachschulungen der Beurteiler ableitbar.

Fazit

Sven Hille, Amelia Koczy, Martin Fityka, Axel Hofmann
und Dirk Zündorff

Das dargelegte mehrstufige Vorgehensmodell bietet eine an das Projektmanagement angelehnte Struktur zur Gestaltung und Einführung von neuen leistungsbezogenen Entgeltsystemen. Mit der Erläuterung der aufeinander aufbauenden Schritte dient es als grundsätzliche Handlungshilfe und bietet Praxistipps sowie Hinweise auf mögliche Stolperfallen.

Eine abschließende Handlungsempfehlung ist jedoch aufgrund der unterschiedlich möglichen Ausgangssituationen immer nur auf Basis der konkret vorliegenden Bedingungen möglich. Einzelne Schritte können methodisch und inhaltlich unterschiedlich komplex sein und eine entsprechend längere oder kürzere Bearbeitungsdauer nach sich ziehen. Auch ist das konkrete, einzuführende System (Zeitentgelt mit Leistungszulage, Prämie/Akkord bzw. Kennzahlenvergleich, Zielvereinbarung, Erfolgsentgelt) maßgeblich für den damit verbundenen Aufwand.

Je nach betrieblicher Situation und der einzuführenden Methodik sind vor der Einführung die entsprechenden organisationalen, prozessualen und persönlichen Bedingungen sicherzustellen. Der Zweck eines neuen Vergütungssystems ist es nicht, Schwächen der Prozesse oder Defizite in der Führung zu kompensieren. Um eine entsprechende Organisationsreife zu erzielen, können Vorarbeiten in diesen Bereichen vor Einführung notwendig sein oder gar eine Einführung ersetzen. Insbesondere die Information, Schulung und Beteiligung der Führungskräfte sowie die Kommunikationsstrategie mit der Belegschaft sind wesentliche Erfolgsfaktoren.

Die Praxis zeigt zudem, wie wichtig es ist, vor der eigentlichen Gestaltung und Einführung, die genauen Zielvorstellungen und Erwartungen der Geschäftsführung zu klären. Hierbei ist eine externe Unterstützung, beispielsweise durch Vertreter der regionalen Arbeitgeberverbände, insbesondere bei umfangreicheren Projekten sinnvoll.

Werden die betrieblichen Rahmenbedingungen beachtet, Wert auf eine strategische Kommunikation gelegt und die Kennzahlen in Zusammenarbeit mit verschiedenen Unternehmensbereichen erarbeitet, kann hieraus ein erfolgreiches und nachhaltig anwendbares Vergütungssystem entstehen, das leistungsfördernd und motivierend auf die Beschäftigten einwirkt und auf diese Weise hilft, den Unternehmenserfolg langfristig zu sichern. Die regelmäßige Revision von Zielen und die Anpassung an möglicherweise veränderte Rahmenbedingungen helfen, das System auch über längere Zeit funktionierend aufrechtzuerhalten. Insbesondere bei weitreichenden Änderungen im Unternehmen oder den betrieblichen Prozessen, kann es jedoch auch irgendwann erforderlich werden, ein veraltetes System neu zu justieren bzw. abzulösen.

S. Hille (✉) · A. Koczy
Institut für angewandte Arbeitswissenschaft e. V., Düsseldorf,
Deutschland
e-mail: s.hille@ifaa-mail.de; a.koczy@ifaa-mail.de

M. Fityka · D. Zündorff
Arbeitgeberverband der Metall- und Elektroindustrie Ruhr/Vest e. V.,
Bochum, Deutschland
e-mail: fityka@agv-bochum.de; zuendorff@agv-bochum.de

A. Hofmann
METALL NRW Verband der Metall- und Elektro-Industrie Nordrhein-
Westfalen e. V., Düsseldorf, Deutschland
e-mail: a.hofmann@metallnrw.de

© Springer-Verlag GmbH Deutschland, ein Teil von Springer Nature 2018
ifaa – Institut für angewandte Arbeitswissenschaft e. V. (Hrsg.), *Leistungsförderndes Entgelt erfolgreich einführen*, ifaa-Edition,
https://doi.org/10.1007/978-3-662-57562-8_4

A1 Prüflisten zur Einführung der Entgeltmethoden

© Springer-Verlag GmbH Deutschland, ein Teil von Springer Nature 2018
ifaa – Institut für angewandte Arbeitswissenschaft e. V. (Hrsg.), *Leistungsförderndes Entgelt erfolgreich einführen*, ifaa-Edition,
https://doi.org/10.1007/978-3-662-57562-8

PRÜFLISTE PRÄMIENENTGELT

1. Ist der Arbeitsablauf vorher bestimmbar? Welche Elemente sind kritisch/volatil?

2. Wem ist die Leistung/das Arbeitsergebnis zuzuordnen?

☐ einem Beschäftigten ☐ einer Gruppe/einem Team ☐ einem Bereich

3. Liegen Planungsdaten (Arbeitspläne, Zeitvorgaben) vor?

Umfang ausreichend: ☐ ja ☐ nein

Qualität ausreichend: ☐ ja ☐ nein

Wenn einer der beiden Punkte oder beide mit »Nein« beantwortet wird/werden:

Ist die Kapazität vorhanden, die Plandaten zu erstellen?

☐ ja ☐ nein

4. Kann eine Leistung oder das Arbeitsergebnis (Menge, Gutstück, Nutzung, Qualität, Ersparnis, Produktivität, Kosten, Termine …) bei gesicherter Qualität vorgegeben werden?

5. Inwieweit können die Beschäftigten/die Gruppe/das Team/der Bereich durch ihre Tätigkeit die Leistung/das Arbeitsergebnis bezüglich der gewählten Prämienkennzahlen beeinflussen?

6. Ist die Datenerfassung zur Ermittlung der Prämienkennzahlen für das Prämienentgelt wirtschaftlich vertretbar?

☐ ja ☐ nein

Bei der Bewertung der Wirtschaftlichkeit der Datenermittlung sind insbesondere zu berücksichtigen:

Kosten

- Datenermittlung
- Lohnabrechnung
- …

Nutzen

- Motivation
- Kapazitätsplanung
- Termineinhaltung
- Kostensenkung
- Produktionsplanung und -steuerung
- Mehrleistung
- Kundenzufriedenheit
- …

© ifaa – Institut für angewandte Arbeitswissenschaft e. V.

Abb. A.1 Prüfliste Prämienentgelt

PRÜFLISTE PRÄMIENENTGELT

7. Welche Leistungsspanne ist möglich?

Prämienausgangsleistung:

Prämienendleistung:

8. Wie hoch ist der Anteil der Tätigkeiten, die ohne Leistungsvorgaben erledigt werden?

9. Wie würde sich das Effektiventgelt bei Einführung des Prämienentgelts entwickeln?

Zur Bewertung der Entwicklung sind folgende Vergleiche anzustellen:

- interner Vergleich mit anderen Bereichen
- externer Vergleich mit anderen Unternehmen im Umfeld

10. Wie beeinflusst die Altersstruktur den Erfolg einer Einführung des Prämienentgelts?

Bei der Bewertung ist zu beachten:

Gibt es im Betrieb geltende Regelungen zur Verdienstsicherung ab einem bestimmten Lebensjahr oder einer bestimmten Betriebszugehörigkeit?

11. Wie würde sich das Prämienentgelt auf zukünftige Entwicklungen auswirken?

Arbeitszeitgestaltung

neue Schichtsysteme

Gruppen-/Teamarbeit

12. Welche Einstellung hat der Betriebsrat (Initiative, Skepsis, Ablehnung)?

Abb. A.1 (Fortsetzung)

PRÜFLISTE ZIELVEREINBARUNGEN

1. Gibt es im Betrieb Erfahrungen mit Zielvereinbarungen (auch im AT-Bereich oder als Führungsinstrument ohne Entgeltanbindung)?

2. Haben die Führungskräfte Erfahrungen mit Beurteilungsgesprächen im Zusammenhang mit Leistungsbeurteilungen oder Potenzialgesprächen?

3. Wie ist das Niveau der durchgeführten Leistungsbeurteilungen einzuschätzen?

4. Sind ständige Verbesserungen der Leistung oder der Arbeitsergebnisse regelmäßig für Zeiträume von 3, 6 oder 12 Monaten als temporäre Teilziele neu abgrenzbar?

☐ ja   ☐ nein

5. Liegen statistische Auswertungen oder Erfahrungswerte zu Arbeitsaufwänden, Leistungen bzw. Arbeitsergebnissen oder Planungsdaten (Arbeitspläne, Zeitvorgaben etc.) vor?

Umfang ausreichend: ☐ ja   ☐ nein

Qualität ausreichend: ☐ ja   ☐ nein

Wenn einer der beiden Punkte oder beide mit »Nein« beantwortet wird/werden:

Ist die Kapazität vorhanden, die Auswertungen, Erfahrungswerte oder die Plandaten zu erstellen bzw. aufzubereiten?

☐ ja   ☐ nein

6. Können Ziele zur Veränderung der Leistung oder des Arbeitsergebnisses (Menge, Gutstück, Nutzung, Qualität, Ersparnis, Produktivität, Kosten, Termine …) bei gesicherter Qualität vereinbart werden?

7. Wem sind die Ziele bezüglich des Leistungsverhaltens/der Leistung/des Arbeitsergebnisses zuzuordnen?

☐ einem Beschäftigten   ☐ einer Gruppe/einem Team   ☐ einem Bereich

8. Sind die regelmäßige Vereinbarung von Zielen und die Erfassung der Zielerfüllung zur ständigen Rückmeldung an die Beschäftigten während und am Ende der Zielvereinbarungsperiode wirtschaftlich vertretbar?

☐ ja   ☐ nein

Abb. A.2 Prüfliste Zielvereinbarungen

PRÜFLISTE ZIELVEREINBARUNGEN

Bei der Bewertung der Wirtschaftlichkeit sind insbesondere zu berücksichtigen:

Kosten

- Aufwand für die Zielvereinbarung
- Aufwand für die Ermittlung und Rückmeldung der Zielerreichung
- Entgeltabrechnung
- …

Nutzen

- Motivation
- kontinuierliche Verbesserung
- Termineinhaltung
- Kostensenkung
- unternehmerisches Denken und Handeln
- Mehrleistung bzw. höhere Ergebnisse
- Kundenzufriedenheit
- …

9. Wie hoch ist der Anteil der Tätigkeiten, der unabhängig von den vereinbarten Zielen ausgeführt wird?

10. Wie würde sich das Effektiventgelt bei Einführung von Zielvereinbarungen entwickeln?

Zur Bewertung der Entwicklung sind folgende Vergleiche anzustellen:

- interner Vergleich mit anderen Bereichen
- externer Vergleich mit anderen Unternehmen im Umfeld

11. Erlaubt die Altersstruktur eine Einführung von Zielvereinbarungen?

Bei der Bewertung ist zu beachten:

- ggf. Verdienstsicherung ab 55. bzw. 54. bzw. 53. Lebensjahr

☐ ja   ☐ nein

12. Wie würde sich das Prämienentgelt auf zukünftige Entwicklungen auswirken?

Arbeitszeitgestaltung

neue Schichtsysteme

Gruppen-/Teamarbeit

13. Welche Einstellung hat der Betriebsrat (Initiative, Skepsis, Ablehnung)?

Abb. A.2 (Fortsetzung)

PRÜFLISTE ZEITENTGELT MIT LEISTUNGSZULAGE

Das Zeitentgelt wird angewandt, wenn in einem Arbeitssystem eine oder mehrere der folgenden betrieblichen Gegebenheiten vorliegen:

- Die Leistungen bzw. die Arbeitsergebnisse der Beschäftigten sind nicht oder nur mit unvertretbar hohem Aufwand messbar.
- Der Aufwand für die Datenermittlung und/oder die -erfassung ist wirtschaftlich nicht vertretbar.
- Der Arbeitsablauf ist nicht vorher bestimmbar.
- Die Arbeitsaufgabe ist so gestaltet, dass sie nicht im Leistungsentgelt ausgeführt werden sollte (z. B. Qualität, Sicherheit).
- Die Leistungsziele sind von den Beschäftigten zu weniger als 65 Prozent beeinflussbar.

Über die genannten Fälle hinaus, ist das Zeitentgelt mit Leistungszulage auch dann zu empfehlen, wenn Formen des Leistungsentgelts prinzipiell anwendbar sind, aber die technischen und organisatorischen Bedingungen sowie die Kennzahlen und die Planungsdaten (Arbeitspläne, Zeitdaten etc.) nicht oder in nicht ausreichender Qualität vorhanden sind. D. h. für die Übergangszeit bis zum Vorliegen der technischen und organisatorischen Bedingungen sowie geeigneter Kennzahlen und Planungsdaten empfiehlt sich das Zeitentgelt mit Leistungszulage.

Zusätzlich sind die nachfolgenden Punkte vor der Einführung eines Zeitentgelts mit Leistungszulage zu prüfen:

- Existieren im Unternehmen bereits Erfahrungen mit Mitarbeitergesprächen, z. B. im Zusammenhang mit der Personalentwicklung o. Ä.?
- Sind Führungskräfte für Beurteilungsgespräche geschult?
- Lässt die Führungsspanne eine individuelle Leistungsbeurteilung zu?
- Wurden entsprechende Prozesse (wer beurteilt wen, wann, wo) definiert?

Hinweis für die Praxis:

In vielen Tarifverträgen sind die Prozesse zur Leistungsbeurteilung bereits abschließend geregelt.
Daher ist insbesondere in tariflich gebundenen Unternehmen zu prüfen, ob Vorgaben aus den Tarifverträgen
übernommen werden können bzw. müssen oder Möglichkeiten zur betrieblichen Ausgestaltung bestehen.

Abb. A.3 Prüfliste Zeitentgelt mit Leistungszulage

PRÜFLISTE ZEITENTGELT MIT LEISTUNGSZULAGE

Prüffragen bei bestehendem Zeitentgelt mit Leistungsbeurteilung

1. Werden die bestehenden Bandbreiten für die Beurteilung genutzt?

Unter Berücksichtigung einer ausreichend großen Mitarbeiteranzahl ist davon auszugehen, dass sich die Beurteilungsergebnisse einer Gaußschen Normalverteilung entsprechend verteilen.

☐ ja   ☐ nein

2. Ist die Verteilung der Beurteilungsergebnisse über den Zeitverlauf stabil?

Hierbei ist zu prüfen, ob sich über die letzten Jahre ein Trend bzw. eine Verschiebung der Beurteilungsergebnisse, bspw. hin zu immer höheren Punkten abzeichnet.

☐ ja   ☐ nein

3. Sind Unterschiede der Verteilung über Entgeltgruppen/Abteilungen/Führungskräfte/ das Gesamtunternehmen hinweg zu erkennen?

☐ ja   ☐ nein

4. Gibt es einen regelmäßigen Erfahrungsaustausch zwischen den Beurteilern (z. B. im Hinblick auf ein einheitliches betriebliches Verständnis in der Anwendung der Beurteilungsmerkmale) bzw. werden Beurteiler regelmäßig weitergebildet?

☐ ja   ☐ nein

5. Erfolgt im Rahmen jeder Beurteilungsperiode ein internes Controlling der Ergebnisse?

☐ ja   ☐ nein

6. Finden neben dem jährlichen Beurteilungsgespräch auch unterjährig Gespräche zum Leistungsverhalten der Mitarbeiter statt (Standortbestimmung)?

☐ ja   ☐ nein

7. Werden von den Führungskräften unterjährig Notizen angefertigt (u. a. zur Begründung der Beurteilungsergebnisse)?

☐ ja   ☐ nein

Abb. A.3 (Fortsetzung)

A2 Nutzwertanalytisches Vorgehen zur Bestimmung der Ziele des leistungsbezogenen Entgeltsystems

Die nachfolgenden Ausführungen beziehen sich auf das durch ifaa (2001, S. 28 ff.) beschriebene Vorgehen. Das Verfahren gibt Anhaltspunkte für die Entscheidungsfindung, nimmt den Verantwortlichen die Entscheidung jedoch nicht ab.

Aufbau des Verfahrens

Mit einer nutzwertanalytischen Betrachtung werden die mit dem neuen Entgeltsystem von der Geschäftsführung und den weiteren Verantwortlichen im Unternehmen angestrebten vielfältigen Ziele in einem Paarvergleich bewertet, um die geeigneten Systeme herauszufiltern. Paarweiser Vergleich heißt, jedes Ziel ist mit jedem weiteren Ziel einzeln zu vergleichen. Dabei ist festzulegen, welches der beiden jeweils im Vergleich stehenden Ziele

- wichtiger,
- gleich wichtig oder
- weniger wichtig

gegenüber dem anderen ist. Diese Bewertung wird mit unterschiedlichen Punktwerten quantifiziert.

Methodisches Vorgehen

In die nutzwertanalytische Beurteilung der einzelnen Ziele des leistungsbezogenen Entgeltsystems sollten neben der Geschäftsleitung die Funktionsbereiche und Entscheidungsträger miteinbezogen werden, die im Unternehmen mit den Fragen der Entgeltgestaltung betraut sind und die eine spätere Entscheidung mittragen bzw. vor Ort umsetzen müssen, z. B.:

- Werks-/Produktions-/Betriebsleiter (bei gemischten Teams – Arbeiter/Angestellte – in der Produktion),
- Personalabteilung/Personalleiter,
- Abteilungsleiter, in dessen Bereich die Einführung eines neuen Entgeltsystems vorgesehen ist,
- Betriebsrat,
- ggf. Teamleiter (z. B. Team Vertrieb) oder besonders engagierte Beschäftigte.

Um eine möglichst problemlose Durchführung der nutzwertanalytischen Beurteilung zu gewährleisten, empfiehlt es sich, eine Person, beispielsweise einen Mitarbeiter der Personalabteilung, mit der Ablaufmoderation zu betrauen. Erfahrungswerte zeigen, dass für das Verfahren, je nach Größe des Bewertungsteams und Anzahl der mit der Entgeltlösung angestrebten Ziele, ca. 1 bis 3 Stunden, einschließlich der Ergebnisauswertung, anzusetzen sind. Die Entscheidungsfindung wird maßgeblich durch die Unternehmensziele beeinflusst.

Beurteilungs- und Bewertungsschritte

Die Vorgehensweise vollzieht sich in drei Schritten. Die hierbei verwendeten Formblätter werden im nachfolgenden Beispiel beim jeweiligen Vorgehensschritt erläutert.

Die Vorgehensschritte sind:

1. Festlegung der Ziele, die durch das Entgeltsystem unterstützt werden sollen:
   - Unternehmensziele
   - betriebswirtschaftliche Ziele
   - arbeitsorganisatorische Ziele
   - Leistungsziele
2. Gewichtung der Ziele durch jeden Teilnehmer der Bewertungsgruppe
3. Auswertung der Gewichtungsergebnisse von Schritt 2

Im Folgenden wird das Vorgehen am Beispiel eines Teams im Einkauf aufgezeigt.

Schritt 1: Festlegung der Ziele

Jeder Teilnehmer des Bewertungsteams nennt die aus seiner Sicht wichtigsten Ziele (Unternehmensziele, betriebswirtschaftliche oder arbeitsorganisatorische Ziele, Leistungsziele), die durch das Entgeltsystem unterstützt werden sollen. Der Moderator erfasst diese Zielnennungen und listet sie wertneutral auf. Im vorliegenden Beispiel sind dies:

1. Termineinhaltung verbessern
2. Kostenbewusstsein stärken
3. Qualität des eingekauften Artikelspektrums gewährleisten
4. zeitliche Flexibilität der Mitarbeiter erhöhen
5. ständigen Verbesserungsprozess forcieren
6. Teamergebnis sichern
7. hohe Leistung des einzelnen Mitarbeiters gewährleisten
8. Zusammenarbeit und Informationsfluss im Team verbessern
9. Zusammenarbeit mit anderen Bereichen verbessern
10. Disposition der eigenen Arbeit verbessern
11. Aufbau stabiler Lieferbeziehungen
12. Identifikation mit Unternehmen und Produkten erhöhen

Schritt 2: Gewichtung der Ziele

Die in Schritt 1 genannten Ziele werden in das Formblatt 1 (s. Abb. A.4) übertragen. In einem Paarvergleich werden nun die Ziele in den Zeilen und Spalten des Formblattes auf ihre Wichtigkeit hin beurteilt:

- Ist das Ziel der Zeile wichtiger als das der entsprechenden Spalte, sind 4 Punkte einzusetzen.
- Wird das Ziel von Zeile und Spalte gleich wichtig beurteilt, sind 2 Punkte einzusetzen.
- Ist das Ziel der Spalte hingegen wichtiger als das der Zeile, sind 0 Punkte einzusetzen.

In dieser Weise sind von allen Mitgliedern des Bewertungsteams die Paarvergleiche durchzuführen und die Beurteilungsergebnisse im Formblatt 1 (s. Abb. A.4) festzuhalten. Die Bewertungsergebnisse der einzelnen Zeilen werden addiert und in die Punktsummenspalte 13 des Formblattes eingetragen.

Die Bewertungsergebnisse von Formblatt 1 (Zeile 1–12 der Punktsummenspalte 13) jedes Bewertungsteilnehmers werden in die Spalten 1–5 des Formblattes 2 (s. Abb. A.5) übertragen. Die Bewertungsergebnisse der Spalten 1–5 werden zeilenweise addiert und in Spalte 6 erfasst. In Spalte 7 wird je Zeile der Anteil der Punktsumme in % von der Gesamtsumme angegeben. In Spalte 8 wird der Rang aufgrund der Höhe des in Spalte 7 ermittelten %-Wertes bestimmt. Das Ziel der Zeile 1 „Termineinhaltung verbessern" erreichte mit 190 Punkten (Spalte 6) bzw. 14,7 Prozent der insgesamt vergebenen Punkte den höchsten Wert und belegt damit Rang 1.

Schritt 3: Auswertung der Gewichtungsergebnisse von Schritt 2

Für die weitere Ausgestaltung der Kennzahlen bzw. Beurteilungsmerkmale für das leistungsbezogene Entgeltsystem ist es zweckmäßig, die angestrebten Ziele mit den Rängen 1 bis 5 weiter zu verfolgen (im vorliegenden Beispiel kommt der Rang vier zweimal vor, sodass die angestrebten Ziele der Rangplätze eins bis vier verfolgt werden sollten).

Formblatt 1														
Bewerter: A														
Beurteilung: 4 Punkte: Zeile wichiger als Spalte 2 Punkte: Zeile und Spalte gleich wichtig 0 Punkte: Spalte wichtiger als Zeile		Termineinhaltung verbessern	Kostenbewusstsein stärken	Qualität des eingekauften Artikelspektrums gewährleisten	zeitliche Flexibilität der Mitarbeiter erhöhen	ständigen Verbesserungsprozess forcieren	Teamergebnis sichern	hohe Leistung des einzelnen Mitarbeiters gewährleisten	Zusammenarbeit u. Informationsfluss im Team verbessern	Zusammenarbeit mit anderen Bereichen verbessern	Disposition der eigenen Arbeit verbessern	Aufbau stabiler Lieferbeziehungen	Identifikation mit d. Unternehmen u. Produkten verbessern	Punktsumme 1–12
Angestrebte Ziele		1	2	3	4	5	6	7	8	9	10	11	12	13
Termineinhaltung verbessern	1	x	2	2	4	4	4	4	2	4	4	4	4	38
Kostenbewusstsein stärken	2	2	x	2	4	4	2	4	2	4	4	4	4	36
Qualität des eingekauften Artikelspektrums gewährleisten	3	2	2	x	2	2	2	4	2	4	2	4	4	30
zeitliche Flexibilität der Mitarbeiter erhöhen	4	0	0	2	x	2	2	2	2	2	2	4	2	20
ständigen Verbesserungsprozess forcieren	5	0	0	2	2	x	2	2	2	2	2	4	2	20
Teamergebnis sichern	6	0	2	2	2	2	x	2	2	2	2	2	2	20
hohe Leistung des einzelnen Mitarbeiters gewährleisten	7	0	0	0	2	2	2	x	2	2	2	4	2	18
Zusammenarbeit u. Informationsfluss im Team verbessern	8	2	2	2	2	2	2	2	x	2	2	4	2	24
Zusammenarbeit mit anderen Bereichen verbessern	9	0	0	0	2	2	2	2	2	x	2	2	2	16
Disposition der eigenen Arbeit verbessern	10	0	0	2	2	2	2	2	2	2	x	2	2	18
stabile Lieferbeziehungen aufbauen	11	0	0	0	0	0	2	0	0	2	2	x	2	8
Identifikation mit d. Unternehmen u. Produkten verbessern	12	0	0	0	2	2	2	2	2	2	2	2	x	16

Abb. A.4 Formblatt 1 – Gewichten der mit der Entgeltlösung zu unterstützenden Unternehmens-, betriebswirtschaftlichen, arbeitsorganisatorischen oder Leistungsziele. (ifaa 2001)

Formblatt 2								
Auswertung der Bewertungen der Formblätter I		Bewerter A Punkte	Bewerter B Punkte	Bewerter C Punkte	Bewerter D Punkte	Bewerter E Punkte	Ergebnis der Bewertung		
							Punkt-summe Sp. 1–5	Anteil in % von Summe Sp. 6	Rang-nummer
Angestrebte Ziele		1	2	3	4	5	6	7	8
Termineinhaltung verbessern	1	38	38	36	40	38	190	14,7	1
Kostenbewusstsein stärken	2	36	34	36	32	36	174	13,5	2
Qualität des eingekauften Artikelspektrums gewährleisten	3	30	28	30	28	26	142	11,0	3
zeitliche Flexibilität der Mitarbeiter erhöhen	4	20	22	24	20	22	108	8,4	4
ständigen Verbesserungsprozess forcieren	5	20	20	18	16	18	92	7,1	8
Teamergebnis sichern	6	20	18	16	18	18	90	7,0	9
hohe Leistung des einzelnen Mitarbeiters gewährleisten	7	18	18	20	22	20	98	7,6	6
Zusammenarbeit u. Informationsfluss im Team verbessern	8	24	22	20	22	20	108	8,4	4
Zusammenarbeit mit anderen Bereichen verbessern	9	16	18	16	18	18	86	6,7	10
Disposition der eigenen Arbeit verbessern	10	18	18	20	20	22	98	7,6	6
stabile Lieferbeziehungen aufbauen	11	8	10	6	8	8	40	3,1	12
Identifikation mit d. Unternehmen u. Produkten verbessern	12	16	12	10	14	12	64	5,0	11
Summe							1290	100	

Abb. A.5 Formblatt 2 – Auswertung der Gewichtungsergebnisse. (ifaa 2001)

A3 Ablauf-Checkliste

CHECKLISTE ABLAUF

Schritt	Beschreibung	Status		
		nicht begonnen	in Arbeit	erledigt
	Entscheidungsvorbereitung			
	Entscheidung, in welchem Bereich ein verändertes bzw. neues leistungsbezogenes Entgeltsystem eingeführt werden soll.	☐	☐	☐
	Im gesamten Einführungsprozess ist zu beachten, dass die Führungskräfte, je nach Entgeltsystem, rechtzeitig eingebunden und geschult werden (s. Schritt 7).	☐	☐	☐
1	Voruntersuchung durchführen			
1.1	Sichten der im Betrieb vorhandenen Daten, Einschätzungen und Untersuchungsergebnisse	☐	☐	☐
1.2	Grobanalyse der Einflussmöglichkeiten und Einflüsse (z. B. von Beschäftigten, Organisation, Technik)	☐	☐	☐
1.3	Ergebnis: Fundierte Grundlage für die Entscheidung durch die Geschäftsführung	☐	☐	☐
2	Projektgruppe bilden			
2.1	Festlegen der Mitglieder der Projektgruppe	☐	☐	☐
2.2	Festlegen des Budgets für das Projekt	☐	☐	☐
2.3	Festlegen eines Zeithorizonts für die Einführung des neuen Entgeltsystems	☐	☐	☐
2.4	Klären der Rechte, Pflichten und Aufgaben der Mitglieder der Projektgruppe	☐	☐	☐
3	Bereichsspezifische Unternehmensziele festlegen			
3.1	Vorrangige Unternehmensziele für ausgewählten Bereich festlegen.	☐	☐	☐
3.2	Konkrete Zielwerte für den betrachteten Bereich aus den Unternehmenszielen ableiten.	☐	☐	☐
3.3	Priorisierung der Bereichsziele	☐	☐	☐
3.4	Definition von Kennzahlen oder Beurteilungsmerkmalen für die Operationalisierung der Bereichsziele	☐	☐	☐
3.5	Prüfen der sachlichen, organisatorischen und personellen Voraussetzungen zum Einsatz der definierten Kennzahlen bzw. Merkmale	☐	☐	☐
3.6	Festlegen eines Pilotbereichs zur Einführung	☐	☐	☐
4	Hauptuntersuchung durchführen			
4.1	Feinanalyse des Ist-Zustands bezüglich technischer, organisatorischer, personeller und materieller Bedingungen	☐	☐	☐
4.2	Planung des Soll-Zustands auf Basis des Ist-Zustands (ggf. Umsetzung von Maßnahmen zur Prozessgestaltung)	☐	☐	☐
4.3	Beschreibung der Arbeitssituation bzw. des Arbeitssystems	☐	☐	☐
4.4	Information der betroffenen Beschäftigten, Führungskräfte und des Betriebsrats	☐	☐	☐

© ifaa – Institut für angewandte Arbeitswissenschaft e. V.

Abb. A.6 Checkliste zum Vorgehen bei der Gestaltung und Einführung eines leistungsbezogenen Entgeltsystems

CHECKLISTE ABLAUF

Schritt	Beschreibung	Status		
		nicht be-gonnen	in Arbeit	erledigt
5	Leistungsbezogenes Entgeltsystem gestalten			
5.1	Bestimmung geeigneter Kennzahlen bzw. Beurteilungsmerkmale	☐	☐	☐
5.2	Entscheidung über individuelle oder kollektive Berücksichtigung der Leistung	☐	☐	☐
5.3	Konzipierung des Entgeltverlaufs	☐	☐	☐
5.4	Entscheidung über die abschließende Ausgestaltung des leistungsfördernden Entgeltsystems	☐	☐	☐
5.5	Durchführen von Wirtschaftlichkeitsbetrachtungen (Schattenrechnungen)	☐	☐	☐
6	Leistungsbezogenes Entgeltsystem umsetzen			
6.1	Betriebsvereinbarung abschließen	☐	☐	☐
6.2	Entgeltsystem im Pilotbereich einführen (optional)	☐	☐	☐
6.3	Einführung im Pilotbereich auswerten (optional)	☐	☐	☐
6.4	Entgeltsystem flächendeckend einführen	☐	☐	☐
7	Führungskräfte befähigen			
	Schulungen und Maßnahmen zur Unterstützung der Führungskräfte durchführen.	☐	☐	☐
8	Evaluation durchführen			
	Regelmäßige Erfolgskontrolle und Pflege des Entgeltsystems	☐	☐	☐

Abb. A.6 (Fortsetzung)

TO-DO-LISTE

Nr.	Aufgabe	verantwortlich	Datum	Status		
				nicht be-gonnen	in Arbeit	erledigt
				☐	☐	☐
				☐	☐	☐
				☐	☐	☐
				☐	☐	☐
				☐	☐	☐
				☐	☐	☐
				☐	☐	☐
				☐	☐	☐
				☐	☐	☐
				☐	☐	☐
				☐	☐	☐
				☐	☐	☐
				☐	☐	☐

Abb. A.7 To-do-Liste

Weiterführende Literatur

Becker KD, Hering M (2015) ERA-KOMPENDIUM der tariflichen Vergütung nach den Entgeltrahmenregelungen in den Tarifgebieten der Metall- und Elektroindustrie. ifaa, Düsseldorf

Becker KD, Hille S, ifaa (Hrsg) (2016) Mitarbeiter beurteilen – Leistung differenzieren. Handlungshilfe zur Implementierung und Anwendung von Verfahren zur Leistungsbeurteilung. ifaa, Düsseldorf

Becker KD et al (2000) Leistungsbeurteilung und Zielvereinbarung: Erfahrungen aus der Praxis. Wirtschaftsverlag Bachem, Köln

Institut für angewandte Arbeitswissenschaft e. V. (Hrsg) (2000) Erfolgsfaktor Kennzahlen. Wirtschaftsverlag Bachem, Köln

Institut für angewandte Arbeitswissenschaft e. V. (Hrsg) (2001) Entgelt gestalten orientiert an Leistung, Ergebnis und Erfolg. Wirtschaftsverlag Bachem, Köln

Koczy A et al (2017) Erfolgsfaktoren für die Gestaltung, Einführung und die betriebliche Betreuung von Leistungsbeurteilungssystemen. Zahlen | Daten | Fakten. Institut für angewandte Arbeitswissenschaft. https://www.arbeitswissenschaft.net/fileadmin/user_upload/Downloads/Factsheet Leistungsbeurteilung_final.pdf Zugegriffen: 15. Dez. 2017

METALL NRW Verband der Metall- und Elektro-Industrie Nordrhein-Westfalen e. V. (Hrsg) (2008a) Tarifliche Leistungsbeurteilung. Leitfaden für Führungskräfte. METALL NRW, Düsseldorf

METALL NRW Verband der Metall- und Elektro-Industrie Nordrhein-Westfalen e. V. (Hrsg) (2008b) Tarifliche Zielvereinbarungen. Handlungsanleitung für Unternehmen. METALL NRW, Düsseldorf

METALL NRW Verband der Metall- und Elektro-Industrie Nordrhein-Westfalen e. V. (Hrsg) (2009a) Prämienentgelt. Arbeitswirtschaftliche Grundlagen für die betriebliche Gestaltung. METALL NRW, Düsseldorf

METALL NRW Verband der Metall- und Elektro-Industrie Nordrhein-Westfalen e. V. (Hrsg) (2009b) Tarifliche Leistungszulage. Orientierungshilfe für das betriebliche Personalwesen. METALL NRW, Düsseldorf

METALL NRW Verband der Metall- und Elektro-Industrie Nordrhein-Westfalen e. V., IG Metall Bezirksleitung NRW (Hrsg) (2006) Gemeinsames ERA-Glossar für die Metall- und Elektroindustrie Nordrhein-Westfalens vom 20. Dezember 2005. Druckerei Rechtsverlag GmbH, Düsseldorf

NiedersachsenMetall Verband der Metallindustriellen Niedersachsens e. V. (Hrsg) (2014) Prämienentgelt und Zielentgelt gemäß Entgelt-Rahmentarifvertrag. Leitfaden für Führungskräfte. NiedersachsenMetall, Hannover

Südwestmetall Verband der Metall- und Elektroindustrie Baden-Württemberg e. V. (Hrsg) (2010) Leitfaden zur Ermittlung von Leistungsergebnissen mit der Methode „Kennzahlenvergleich". Grundlagen für betriebliche Gestaltungsmöglichkeiten, Stuttgart

vbm Verband der Bayerischen Metall- und Elektro-Industrie e. V. (Hrsg) (2010) Prämienentgelt im ERA Tarifvertrag. vbm, München

vbm Verband der Bayerischen Metall- und Elektro-Industrie e. V. (Hrsg) (2011) Die Leistungsbeurteilung im ERA Tarifvertrag. vbm, München